涉外培训教材系列丛书

中国农耕文明

ZHONGGUO NONGGENG WENMING

农业农村部国际交流服务中心　编著

中国农业出版社
北　京

图书在版编目（CIP）数据

中国农耕文明 / 农业农村部国际交流服务中心编著
. —北京：中国农业出版社，2024.1
（涉外培训教材系列丛书）
ISBN 978-7-109-31152-7

Ⅰ.①中… Ⅱ.①农… Ⅲ.①农业史—中国 Ⅳ.
①S-092

中国国家版本馆 CIP 数据核字（2023）第 181854 号

中国农业出版社出版
地址：北京市朝阳区麦子店街 18 号楼
邮编：100125
责任编辑：郑 君
版式设计：王 晨 责任校对：张雯婷
印刷：北京印刷一厂
版次：2024 年 1 月第 1 版
印次：2024 年 1 月北京第 1 次印刷
发行：新华书店北京发行所
开本：889mm×1194mm 1/32
印张：3.75
字数：78 千字
定价：58.00 元

《中国农耕文明》
编　委　会

目　　录

第一章　中国农耕文明的成长之路 …………………… 1

第一节　中国农耕文明之源 …………………… 1
第二节　农耕经济双向前行 …………………… 5
一、中国古代的旱作农业 …………………… 6
二、中国古代的稻作农业 …………………… 10
第三节　农牧文化交相辉映 …………………… 14
第四节　多元交汇融合发展 …………………… 15
一、海纳百川的农业交流 …………………… 15
二、影响世界的三大作物 …………………… 16
三、推动世界发展的科技与思想 …………………… 18

第二章　中国农耕文明的经济内涵 …………………… 23

第一节　以农为本的发展道路 …………………… 23
一、自给自足的小农经济 …………………… 24
二、农产品的商品化 …………………… 26
第二节　南北经济区殊途同归 …………………… 28
一、黄河中下游农业经济区的盛衰 …………………… 28
二、长江中下游农业经济区的发展 …………………… 32

第三节　旱地农业与水田农业 …………………………… 33

第三章　中国农耕文明的科技支撑 ………………………… 37

第一节　长期领先的农业生产科技 ……………………… 37
一、重视天文以不违农时 …………………………… 37
二、培肥利地以涵养土壤 …………………………… 40
三、使用牲畜以提供动力 …………………………… 42
四、改良耕作制度以提高复种指数 ……………… 44
五、改良农具以提高生产效率 …………………… 47
第二节　绵泽至今的水利灌溉工程 ……………………… 51
一、治理黄河 ………………………………………… 51
二、灌溉工程 ………………………………………… 54
三、运河工程 ………………………………………… 59
四、海塘工程 ………………………………………… 63
第三节　追求永续发展的生态实践 ……………………… 65
一、"三才"理论：中国古代生态农业的
基本思想 ………………………………………… 66
二、"三宜"原则：中国古代生态农业的
环境原理 ………………………………………… 67
三、精耕细作：中国古代农业遗产 ……………… 70
四、桑基鱼塘：中国古代生态农业的生产实践 …… 72

第四章　中国农耕文明的制度保障 ………………………… 75

第一节　亘古不变的重农思想 …………………………… 75
一、设置农官，督导农桑 …………………………… 76
二、颁行农书，指导耕作 …………………………… 77

三、教民稼穑，兴办教育 …… 78
第二节　土地政策与赋役制度 …… 81
一、井田与均田 …… 81
二、赋税与徭役 …… 84
第三节　完备的防灾救灾体系 …… 88
一、赈救灾害，蠲免赋役 …… 88
二、守在仓廪，以足民食 …… 90

第五章　中国农耕文明的文化内核 …… 92

第一节　农书：农业智慧的结晶 …… 92
一、中国农书的概况和历史地位 …… 92
二、中国古代的四大农书 …… 97
第二节　二十四节气：象天法地的生活节律 …… 100
一、二十四节气及其产生 …… 101
二、二十四节气的作用和历史积淀 …… 102
三、二十四节气的国际影响 …… 104
第三节　农耕精神：生生不息的中华传统 …… 106
一、和谐统一的自然观 …… 106
二、安土重迁的族群观 …… 107
三、自强不息的发展观 …… 108
四、耕读传家的价值观 …… 108
五、崇尚节俭的生活观 …… 109

结语 …… 111

第一章　中国农耕文明的成长之路

农业起源是人类社会发展的转折点。农业的出现标志着人类开始拥有主动改造自然的能力，由此导致定居生活方式出现，人口大幅度增长，人类社会发展加速，为古代文明的形成奠定了物质条件和经济基础。

当第一个原始人在有意识地将一枚种子埋在自己居住的洞穴外面，并期待它在未来几个月后为自己提供粮食时，这位伟大的人类先民悄然间开启了一个人类文明的全新纪元。在经历数百万年的采集和狩猎后，在1万多年以前，中国的先民与世界其他区域的农业起源地一样，开始步入农业社会，迎来文明的曙光。在中国，从华北平原上的东胡林，到内蒙古敖汉的小河西，从长江流域的仙人洞，到两广峻岭中的甑皮岩，中华大地上满天星斗式地出现了人类文明的微微弱光，它们将在未来汇聚成一股强大的力量，成就一个延续至今的伟大民族。

第一节　中国农耕文明之源

有关农业为何起源，考古和历史学界提出了许多假说，大致分为两类：一类是侧重于环境变迁对农业诞生的影响，特别是冰期后的气候变化，对农业起源的决定性作用，如绿洲说、原生地说、新气候变化说；另一类则是侧重于人口数量增减对农业起源的促进作用，如人口压力说、周缘地带说、享宴说。农业考古资料已经证明，世界各地的农业起源，几乎都发生于距今1万年左右。公元前4000年前后，在世界范围内，底格里斯河和幼发拉底河、尼罗河、黄河和长江、印度河和恒河，几乎同时诞生了农耕文明。这些星布于世界各地的农耕文明，开启了人类文明的先河。

当今世界普遍认可有四大农业起源区：一是中国起源中心区（公元前7500—前5000年）。起源地区的农作物主要包括水稻、谷子、糜子、大豆、大麦等，驯化出家猪、鸡、狗等牲畜。二是西亚起源中心区（公元前8000—前6000年）。起源地区的农作物主要包括小麦、大麦、黑麦、豆类等，驯化出山羊、绵羊、牛等牲畜。三是中南美洲起源中心区（公元前7000年）。起源地区的农作物主要包括玉米、花生、马铃薯、甘薯、棉花、南瓜、辣椒以及多种豆类，驯化出驼羊、羊驼等牲畜。四是非洲北部起源中心区（公元前5000年）。起源地区的农作物有高粱、扁豆、咖啡、秋葵、龙爪稷等，驯化出驴等牲畜。可以说，现今世界上的重要农作物和家养动物基本上都是在这四个起源中心区被驯化而成的。联合国粮农组织（FAO）所列的水稻、玉米、小麦、大麦和高粱等世界五大谷物均源自于这四大中心区。

在世界农业起源中心中，中国是农业历史最悠久的国家之一。虽然19—20世纪西方学者曾相继提出了多种世界栽培植物起源中心学说，例如，法国学者德康多尔（Alphonse DeCandolle）提出的农业作物驯化起源说，苏联学者瓦维洛夫（Н. И. Вавилов）的世界八大栽培植物起源中心说等。尽管这些学说的观点不尽相同，但中国始终被认为是世界栽培植物的中心起源地之一。

考古资料显示，中国农业起源的过程经历了数千年之久，起始自 10 000 年前出现的人类耕作行为，完成于距今 5 000年前的农业社会建立。一般认为，距今 1 万年至 5 000 年前的新石器时期是中国农业的起源和原始农业时期。古史记载中，最初是“神农乃始教民播种五谷”。“神农”是古代传说中的一位人物，被尊为农业的始祖。“神农”二字也可解释为“治田”，即对农业的治理。中国在公元前 5000 年前就独立开展农业活动，在公元前 5000 年至公元前 2500 年，原产中国的农作物开始向亚洲中部传播，至公元前 2500 年—公元 1500 年，随着农业地理系统的分割局面被打破，一批具有优良种植特性的农作物由中国传播到世界各地。在这一背景下，中国农业的诞生不仅为中华文明的发展提供了强大的物质基础，同时也成为世界历史进程的关键推动因素。中国境内发现的原始农业文化遗存达 1 万多处，主要集中在黄河流域和长江流域。此外，在北至漠北、南达岭南、东至大海、西达青藏高原的广袤国土上也都有原始农业的遗存。在瓦维洛夫归纳的八个全球农业起源中心中，以中国为中心的栽培物种达 136 个，包括黍、粟，占全球的 20.4%，位居榜首。

科学家认为，根据气候、地理以及植物的不同，中国农业并非起源于一个地区。目前看主要有三条路径：一是以沿黄河流域分布的、以种植粟和黍两种小米为代表的北方旱作农业起源；二是以长江中下游地区为核心的、以种植稻谷为代表的南方稻作农业起源；三是分布在珠江流域地区的，以种植芋等块茎类作物为特点的华南热带原始农业起源。中国古代农业正是由这些不同地区、不同气候的不同类型农业融汇而成，并在它们的相互交流和相互碰撞中向前发展。

根据现有考古资料分析，早在距今1万年左右，中国先民就完成了对粟、黍、水稻等主要粮食作物的栽培驯化。其中，河北东胡林文化遗址发现了1万年前窖藏的粟和黍；江西仙人洞、湖南玉蟾岩、浙江上山等遗址中发现了距今1万年左右的栽培水稻遗存。到新石器时代晚期，粟、黍、水稻、大豆的种植范围日益扩大，遍布黄河和长江流域，成为中国先民最为倚重的食物来源。伴随着中亚地区游牧民族的迁徙，中国原产的粮食作物开始在稍后的历史时期自东向西传入中亚、西亚、欧洲等地区。

中国农业之所以能较早发生并较快发展起来，主要得益于中国优越的自然条件。中国地处东亚大陆，大部分土地分布在温带、暖温带和亚热带，最适宜人类的居住、生存和发展，同时农业环境也最适合农作物人工栽培种植。土壤方面，早期原始农业主要集中在中部的黄河流域和长江流域，这两个流域的土地受河流冲刷，土壤条件肥沃。黄河中下游流域的黄土地带质地疏松、土性肥沃，气候温暖湿润，植物繁茂，动物众多，水源也很充足，又因为地处平原和台地，为农业活动提供了广阔的耕地空间，从新石器时代早期的南庄头遗址、东胡林遗址、案板遗址，到裴李岗文化、磁山文化、仰韶文化、龙山文化遗址，都发现有丰富的农业遗存。长江流域的土壤也十分肥沃，水利资源丰富，气候湿热，极宜农作物的生长。气候方面，新石器时期，尤其是仰韶文化（距今 7 000～5 000 年）时期，正处在全新世大暖期，此时气候条件转向温暖和湿润，为原始农业提供了良好的条件。地理环境方面，中国所处的地理位置和地形复杂，主要分为东、西两个部分，西部为内陆气候，属干旱、半干旱地区。东部为季风气候，属湿润和半湿润地区，又多平原、丘陵地貌，地势较为平缓，耕作灌溉都非常便利，为农作物耕种提供了优越的条件。中国发达的农业经济和农业文明就是在这样的自然条件和环境中成长繁荣，创造了中华民族的一个又一个辉煌。

第二节　农耕经济双向前行

中国农业的发展经历了这样一个过程，采集狩猎在人类生活中的比重日渐减少，农业生产的比重日渐增大，最终农业生产取代采集狩猎成为人类社会经济的主体，标志着社会发展进入农业社会阶段。

传统社会的农业发展大致可以分为三个阶段。第一阶段是春秋战国至秦汉时期（公元前 770 年—公元 220 年），这一时期北方旱作农业在黄河流域形成和确立，黄河流域丰厚的土地资源为这一时期农业的开发利用提供了得天独厚的条件。中国传统的农业技术、耕作方式、种植品种都初步确立下来，中国传统农业制度体系初步形成。第二阶段是魏晋南北朝时期至宋元时期（公元前770年—公元1368年），其主要特征是以稻作农业为主的传统农业向长江流域的扩张。早期长江流域虽然拥有优良的自然条件，但是受限于人口等因素未能得到充分的开发和利用，在魏晋南北朝（220—589年）时，大量的北方人口开始向南方迁徙，长江流域得到了持续不断的开发，稻作农业得到了前所未有的发展，稻作农业为中国传统农业提供了更丰富和广阔的经济内容和发展活力，极大地丰富了传统农业的种植内容和技术，促进了中国传统社会的又一次繁荣发展。第三阶段是明清时期（1368—1912年）中国传统农业的又一次大突破。这个突破表现在：第一，一些外来的农业高产作物的引进，如玉米、马铃薯、花生等，极大地改变了中国传统农业的种植结构；第二，商业性农业的发展，这一时期农业经济作物种植的范围逐渐扩大，农业生产标准化程度不断提高，农业作物不仅仅是作为养家糊口的粮食，更成为一种进行市场交换的商品作物；第三，农业种植业的专业化区域出现，例如山东东昌府、江苏的松江府、太仓州是当时最主要的产棉区，江浙的湖州、苏州、江宁等地是最重要的桑蚕种养区，山东济宁、江西射洪、湖南衡阳等地的烟草种植也极为普遍。

一、中国古代的旱作农业

黄河是中华民族的母亲河。在黄河水的冲刷下，黄河及其支流的两岸形成了土层深厚、土壤肥沃、土质疏松的台地和丘陵，具有蓄水性好、便于开垦的特点。加之黄河流域气候温和、水源充足，具备早期农业诞生所需的自然条件。现有考古发掘材料表明，黄河流域的旱作农业的起源可分为三个阶段：

第一个阶段，距今 10 000～7 000 年。此时黄河流域已经分布了大量锄耕的农业文化遗址，大多分布在黄土高原与华北平原交接的山麓地区，其中比较典型的遗址包括河南新郑裴李岗、河北武安磁山等。裴李岗文化中出土了大量可以配套成体系的农具，包括用以砍伐树木、加工木质农具和清理场地的石斧；用以松土和发掘的石铲；用于收割粮食的石镰；用以加工农作物的石磨盘、石磨棒等。此外，裴李岗文化中还有大量农具随葬品，且男女之间的随葬品不同。男性墓葬中的随葬品为石斧、石铲、石镰等生产工具，女性墓葬中的随葬品为石磨盘、石磨棒等加工工具，可以说明这一时期男女成员的分工已经出现。磁山文化以粟作为主要农作物，也出现了石镰、石斧、石铲、石刀和石磨盘等生产工具，同时饲养狗、猪、鸡等家畜，并以渔猎和采集作为农业的补充。磁山文化遗址中还发现了大量用以充当房基、粮窖的半地穴式建筑，说明这一阶段人类已经基本走向定居。河北武安的磁山遗址、河南新郑的裴李岗遗址和沙窝李遗址、山东济南的月庄遗址、甘肃秦安的大地湾遗址、内蒙古敖汉的兴隆沟遗址等考古遗址或多或少都出土了粟和黍两种小米遗存。通过分析发现，这个时期的古代先民已经开始从事种植粟和黍的旱作农业生产。

第二个阶段，距今 7 000～5 000 年。这一时期黄河流域农业文化更为丰富和成熟，其中以仰韶文化最为典型。仰韶文化分布广泛，以关中、豫西和晋南地区为核心，北至河套平原，南至汉江中下游地区，西至渭河上游和洮河流域，东至河南东部。在这些地区形成了一大批面积从数万至上百万平方米不等的大型村落。1953 年发现的半坡聚落遗址是仰韶时代的典型代表。考古学家在半坡遗址中挖掘出房屋遗址 45 座、家畜圈栏 2 座、烧陶窑遗址 6 座、储藏窖穴 200 多个、成人墓葬和小孩瓮棺 250 座，主要的作物遗存为粟和菜籽。半坡遗址中出土的农具数量远远高于前一时期，出土的各类生产工具、生活工具达万余件，种类上也更为齐全。除了石斧、石镰、石刀、石磨等工具外，还出现了石锄、木耒等用于翻土的生产工具。在仰韶文化诞生之初，农耕生产尚未完全取代采集狩猎，采集和渔猎等仍然是重要的食物来源。随着农业技术的进步和社会化水平的提高，农耕生产在社会经济中所占比重逐渐增强。当发展到距今 5 500 年前后的仰韶文化中期，即庙底沟时期，采集狩猎的必要性已经微不足道了，以种植粟和黍两种小米为代表的旱作农业生产终于取代采集狩猎，成为仰韶文化社会经济的主体，中国北方地区进入农业社会阶段。

第三个阶段，距今 5 000～4 000 年。这一时期黄河流域进入“龙山时代”，不仅在农业遗存的规模上有了巨大突破，农业生产技术也有了明显进步。在规模方面，龙山文化中用于储存粮食的袋形窖穴数量明显增加，在三里河遗址中的大型窖穴中出土了 1 立方米左右的粟粒。同时期的大汶口文化中出现了小容量的高柄杯等酒器，这说明这一阶段的粮食生产有了一定剩余。在农业技术方面，龙山文化的农业生产已经进入铜石并用时期，大型磨制石器和蚌器也得到广泛使用。龙山文化的制陶业别具特色，以黑陶为主，这标志着手工业在农业快速发展的基础上同农业相分离。

从公元前 4 世纪开始，中国进入传统农业阶段。夏商周时期（公元前 2070—前 256 年）的中国北方，主要作物包括黍（黄米）、稷（谷子、粟）、麦（小麦）、菽（豆）、麻等，形成了明代以前中国北方主要的粮食作物结构。夏商周时期的粟、黍在粮食作物中占据绝对重要地位。春秋战国时期（公元前 770 年—前 221 年），菽、小麦的地位开始上升，黍的地位下降，开始出现“五谷”的说法。秦汉时期，粟作为五谷之长，仍是中国北方地区最重要的粮食作物；而菽的地位有所下降，开始向副食转变。魏晋南北朝时期，黍和粟所占比重仍旧很大，《齐民要术》中有关粟、黍、稷的记载非常丰富，品种大约有 86 种。同时由于大量北方荒地的存在，菽和黍在北方的地位有所上升。至唐代，随着小麦越冬技术的成熟与推广和面粉加工技术的革新，麦类生产在粮食作物中的比重呈现上升趋势。宋代（960—1279 年）开始，中国旱作农业的种植区域开始发生较大变化。小麦原产北方，虽然较早在南方种植，但面积毕竟十分有限。宋代以后，随着中国经济重心的南移，大量北人南迁，种麦的先进技术随之南传，小麦在南方的客观需求量大增，小麦在长江流域的江浙、淮南、湖南等广泛种植，而岭南地区也开始种植小麦。

此外，旱作农业是一种雨养农业，蓄雨保墒是生产活动的中心。经过数千年的演进发展，中国北方形成了一套成熟的旱作农业模式，并在魏晋时期逐渐定型。西周至战国时期（公元前 1046 年—前 221 年），中国北方广泛实行按田地高低在垄沟或垄台播种的“畎亩法”。其中，高田旱地采用的是在垄沟中播种，实现防旱抗旱。西汉武帝时（公元前 141 年—前 87 年）以今关中地区为中心包括宁夏南部、甘肃西北部、山西西南部、河南西部一带普遍实行了以沟垄逐年互换、垄中播种为特点的“代田法”，沟播而垄休，在作物生育期间耨除垄上杂草，垄上土壤填附苗根，从而实现防风抗旱。西汉成帝时（公元前 33 年—前 7 年），关中一带丘陵坡地出现以横田作“町”、横町开沟、沟中播种为特点的带状“区田”与以田中挖方形坑、坑中播种为特点的方形“区田”，实现蓄雨抗旱和抗蚀保土的旱地耕作方法。此后，魏晋南北朝陆续发明了耱和铁齿耙，形成了以平作为特点的耕耙耱耕作体系。此后，又出现了因作物因土适时适穑耕作、深耕细整、耕耙耢压结合等旱地耕作方式。这些旱作农业模式一直延续至改革开放前后。

二、中国古代的稻作农业

亚洲栽培稻是世界上最古老、影响力最大、品种繁殖最多的农作物种类之一。一般认为，长江中下游平原是世界稻作文明的重要发源地之一。在得天独厚的自然条件下，长江流域的先民自新石器时代以来就开始尝试驯化水稻。经过漫长的发展，长江中下游地区的水稻种植逐步从偶然发展到必然，从自发到自觉，种植面积越来越广、种植技术越来越高。这个过程得到了现代科学的验证：美国纽约大学的科研人员通过数据库和计算机的运算，对栽培稻和野生稻染色体上 630 个基因片段进行重新测序，根据对栽培稻遗传关系的研究，分子学证据表明亚洲栽培稻是单一起源，且最早出现在中国长江流域。

长江流域的水稻种植形成了完整的原始农业发展序列。它的起源过程可以分为萌芽时期、起源时期、兴盛阶段和发达阶段四个阶段，这符合稻作农业与采集狩猎在史前人类的食物供给体系中的地位变迁历程。从某种程度上而言，稻作农业的发展过程也就是农业取代采集狩猎的过程。

稻作农业的萌芽时期距今 2 万～1.5 万年。这一时期人类会采集野生稻作为食物，野生稻的地位与其他可食用的植物果实并无区别。稻作农业的起源时期距今 1.5 万～1 万年，这一时期人类开始驯化并栽培水稻。目前，在中国发现的 10 000 年以前的古代稻遗存出土自四处考古遗址：江西万年县的仙人洞遗址和吊桶环遗址、湖南道县的玉蟾岩遗址，以及浙江浦江县的上山遗址。这四处考古遗址均发现了水稻遗存，例如上山遗址浮选出土了炭化稻米，在出土的红烧土残块内发现了炭化稻壳，以及在陶土中掺入稻壳的陶器制作技术。据此推测，稻已经成为当时人们生活中不可或缺的植物种类。但人类此时依然将采集狩猎作为主要的食物来源，栽培水稻仅为采集狩猎的补充。水稻的驯化仍然是分散和小规模的，甚至带有园艺性的特点。稻作农业的兴盛阶段距今 10 000～6 500 年，这一时期水稻成为人类重要的食物来源之一，但采集依然在人类食物结构中占有重大比重。稻作农业取代采集和狩猎的过程经过了长时间的曲折和发展，这一时期长江流域稻作农业的典型遗址有湖南澧县彭头山、八十垱，浙江余姚河姆渡、马家浜等，栽培水稻的分布已扩展到淮河以南、南岭以北的广大地区。稻作农业的发达时期距今6 500～4 000年，此时水稻已经成为长江流域史前文明的主要食物来源，其代表为良渚文化。在良渚文化中，水稻种植技术取得显著进步。水稻品种逐渐演变为粳稻，耕作方式也从以前的“耜耕”演变为犁耕。随着农业技术的进步，人类的社会组织也发生了重大变化，良渚文化中的聚落人数大大增加，形成了一定的社会组织，男女分工也逐步明确。当时的稻作农业生产已经发展到相当高的水平。水稻单位面积产量增加，仅需要投入一部分社会成员从事农业生产就可以为全社会提供充足的粮食。这清楚地说明，至迟在良渚文化时期或更早，长江中下游地区已经完成了由采集狩猎向稻作农业社会的转变。

稻作农业发展与中国南方经济的发展紧密联系。中国古代经济、文化中心长期位于黄河流域，南方落后于北方。就人口规模而言，汉平帝元始二年（公元2年）的关中、三河地区人口密度大，而江淮以南则人口稀少，相差数十倍乃至百倍以上。尽管南方以稻作为主，而且起源的时间很早，但由于人口稀少，种植能力与消费力都不高，总产量也处于较低的水平。

魏晋南北朝时期（220—589年），北方连年战争，大批人口南迁，不但给南方增加了劳动力，而且带去了先进的生产技术。屯田与地主田庄经济随之兴盛。通过兴修水利、平整土地、改良土壤，逐渐形成圩田。丘陵地带的梯田，不但可以控制水流，还可保水蓄水，使南方的土地逐渐被改造成适宜水稻栽培的农田。与此同时，水稻种植技术不断提高，形成了比较成熟的移栽水稻的方法，并开始使用苕草作水稻的绿肥。到了公元 6 世纪，出现了管理水田的烤田技术，通过控制稻田中的水，适时灌水，适时撤干。随着种植技术水平的提高，水稻的产量也大幅提高，成为隋唐（581—907 年）以后中国南方社会经济高度发展的重要原因。

唐代自安史之乱（755—763 年）以后，北方再次陷于战乱，农业生产遭到严重破坏，而南方则相对稳定，全国经济重心逐渐南移。这一时期，水稻的地位开始上升，关中、河内、河套、幽蓟等地水稻种植地位突出，新疆和东北地区也已有了水稻的种植。至宋代，中国南方的人口规模和经济繁荣程度均已超过北方。稻作生产工具、水田耕作技术和稻作栽培管理技术等都有很大提高，尤其是“占城稻”的引进，使当时水稻产量也大幅提高，为民间留下了“苏湖熟，天下足”的谚语。

明清（1368—1912 年）以来，水稻在粮食作物中的种植地位明显上升，科学家宋应星（1587—？年）在《天工开物》中言当时全国百姓所吃的粮食之中，稻米占了十分之七，小麦、大麦、黍、稷共占十分之三。清代水稻种植的北界已经达到北纬 44°，在新疆的伊犁，沿河西走廊、河套到辽河流域都有关于水稻种植的记载。早在两千年前，水稻就传入朝鲜、越南、日本，之后传入东南亚、欧洲、美洲等地，如今水稻的种植已遍及全球，是世界上分布最广的作物之一，目前已成为全世界一半人口的主粮。

第三节　农牧文化交相辉映

中华民族的农耕文明呈现出与畜牧交融集聚的鲜明脉络，呈现出农牧主导地位反复交替，经历了相互碰撞、相互吸纳、相互补充、相互融汇的嬗变历程。

中国北方地区形成农牧交错、共同发展的生产传统。中国长城及其以北的狭长地带被称为“农牧交错带”，是中国畜牧业最早的发源地，其中以南是农耕文明高度发达的中原腹地黄河流域，北部则与广袤的欧亚草原为邻，由于降水量较少（一般少于 400 毫米），自然植被从森林向草原过渡，使得当地人群在从事采集和农耕的同时，比中原更依赖对动物的狩猎和放牧，因而长期地保留着混合型经济生产形态。丰富的考古资料证明，这个区域自新石器时代起，就有兼营采集、农耕和狩猎的农牧混合生产传统。农业与畜牧业之间的分离被称为第一次社会大分工。在农牧交错带形成初期，这两种生产方式以兼业的形式共存，此后畜牧业才逐渐从农业中脱离出来，并且伴随着马的驯化，成功孕育出“狄”“戎”等游牧民族。中国的游牧民族在与中原地区的交流、交往和交融过程中开始出现并逐渐走向成熟，他们以逐水草而居的特殊形式在草原上建立了独属于自己的生活秩序，并且完成了由草原民族向游牧帝国的征服史诗。

不同的社会环境和生产模式造成了农耕文明与畜牧文明迥异的民族性格与社群关系。农耕生产生活环境相对温和稳定，而畜牧活动则具有季节性与冒险性。除了战争之外，中原地区和西北少数民族借助经济手段，创造出一种相对和谐的处理方式——“茶马互市”，进行物资交换。自唐宋时起，中央政府相继在中原王朝和少数民族政权的交界处设立茶马司，维系时间长达千余年，在农牧业经济发展、农业区和牧业区生产生活结构改善、民族间文化交流促进等方面都发挥了非常重要的作用。

第四节　多元交汇融合发展

作为农业最早的起源地之一，中国农业逐渐建立起具有自主特色的中华农耕文明体系。值得注意的是，中国传统农业发展的历史进程中，也同样离不开与世界各地农业的交流，在这一过程中不断获取着新的增长点和发展动力。

一、海纳百川的农业交流

中国传统农业自古以来就是一个兼容并包、多元开放的系统，不仅表现在南方农业与北方农业的交融、汉民族农业和少数民族农业的交融，也包括中国农业与域外农业的交融，它们共同构成了多元交汇中华农耕文明体系的强大支柱。也正是因为这一多元交汇农耕文明体系的支撑，中华民族能够因地制宜开展丰富多彩的农事活动，顽强抵御各种自然灾害的侵袭。

中外农业交流从远古时期就已开始，内容以农业物种的交换为主。此期传入中国的作物有大麦、小麦、大麻、蔓菁、甘蔗等，其中小麦的引进影响最大。从历史时期看，中国作物的引进主要集中在三个时期：第一个时期是西汉（公元前 202 年—公元 8 年）。伴随着张骞出使西域，苜蓿、葡萄、石榴、胡桃、胡麻（芝麻）、胡瓜（黄瓜）、胡荽（香菜）、胡蒜、胡豆（蚕豆）等从西域传入。第二个时期是两宋（960—1279 年）。以受到大力推广的“占城稻”为代表，占城稻以其种来自占城国（今属越南）而得名。占城稻与晚稻配合成为双季稻，使谷物产量大为增加。很多学者认为，正是由于占城稻的广泛种植，让宋朝人口突破了 1 亿大关。第三个时期是明代中期（1368—1640 年）之后。美洲农作物的引进是中国农业领域发生的最重大的变化之一。玉米、马铃薯、甘薯等农作物至今仍在中国农业中占据着重要的地位，特别是它们在对沙地、瘠壤、不能灌溉的丘陵甚至高寒山区的利用方面做出了很大贡献。

二、影响世界的三大作物

中国农业不仅为养活人口众多的中国社会做出了突出贡献，更为世界的发展贡献了众多的成果。其中，水稻、蚕桑、茶叶就是三大标志性成果，至今仍在改变着人们的生活。

当前的考古发现和文献证据都能较充分地证明，亚洲栽培稻起源于中国南方及长江中下游地区。从栽培野生稻到栽培水稻开始，到逐步形成发达的稻作农业，水稻随着迁徙和民族交流传播至整个世界。中国主要的传播路径有以下三条：一是传入朝鲜半岛、日本；二是经东南沿海的海路和西南地区的陆路传播到东南亚、南亚和西亚；三是从印度传播至亚洲西南部及以外地区和欧洲、美洲。水稻传入印度的恒河中下游地区后，由于此地适宜水稻生长，很快发展起来。公元前 300 多年，抵达印度的马其顿帝国探险家把水稻传入希腊及周边地中海地区，再从希腊和西西里岛传遍欧洲南部并带入北非一些地方。美洲新大陆发现后，水稻随欧洲殖民者传入美洲。

丝绸之路，历史悠久且影响深远。中国是世界上最早从事植桑、养蚕、缫丝、织绸的国家，蚕丝已成为中国古老文化的象征。考古发现，距今 7 000 年左右的河姆渡文化就有人利用野蚕丝编织丝织物；而黄河中游在距今 5 000 年左右有了蚕桑生产。西汉形成了以成都为中心的丝织业产地。东汉的蜀锦更是远近驰名。

西汉时期，张骞出使西域连接起华夏文明与古希腊和波斯的悠久历史与文化，搭建了最早的国际贸易和文化交流的通道。“驼铃古道丝绸路，胡马犹闻唐汉风”，这条道路成为东西方文明交流的桥梁，以“丝绸之路”驰名全球。随着丝绸之路的开辟，中国的蚕丝技术传至东罗马帝国。两千多年来，丝绸之路上驼铃声声、马嘶相闻、舟楫相望，国家、民族、单一区域等社会组织打破藩篱，互通有无，友好交往，书写了人类历史的辉煌篇章。

茶，是一年四季皆常见的饮品。传说中，中国人饮茶的习惯始于神农时代，至今已有近五千年历史。中华茶文化源远流长，博大精深，唐代茶圣陆羽在历史上吹响了茶文化的号角。他在《茶经》中记载道，在神农时代，茶已开始进入华夏先民的日常生活中，这是有关茶饮起源的最权威观点。

《神农本草经》也有记载神农为了替民众治病，亲自了解各类草药的特性，无意间得到了茶叶，这已经成为有关中国饮茶起源最普遍的说法。西汉时期（公元前 202 年—公元 8 年），茶叶由云南传到四川。唐代（618—907 年）饮茶之风由南方传到北方，茶叶成为南北方人们日常饮料之一。在这一时期，茶叶也传入日本。公元 805 年和 806 年，日本僧人最澄大师及空海大师，留学中国研究佛学，归国后，将中国蒸青绿茶的制茶技术传入日本。1559 年，威尼斯人拉马歇从阿拉伯人那里得知中国人饮茶，了解到饮茶具有多种功效。此后，饮茶的相关资讯不断传入西欧，其中，传教士发挥了重要作用。传教士利玛窦在著述中较为详细地记述了中国的饮茶，涉及茶叶历史、制茶方法、饮用方式、主要功效、经济价值以及中日茶文化的差异等丰富内容。如今茶叶早已遍及全球，成为风靡世界的三大无酒精饮料（茶叶、咖啡和可可）之一，全世界饮茶的人数约占世界总人口的一半。

三、推动世界发展的科技与思想

中国农业工具长期领先于世界。根据英国学者李约瑟统计，中国的龙骨水车领先欧洲约 1 500 年，石碾约领先欧洲 1 300 年，水力驱动的石碾则领先欧洲 900 年。研究世界犁耕历史的美国学者保罗·莱塞（Paul Leser）在《犁的形成与分布》这一著作中，曾对曲面壁在欧洲传进的历史和分布情况做了精辟的论述："整个欧洲农业变化最重要的起点是在 18 世纪初，推究它的原因，可能并不像有些人所过分强调的那样，完全是受古罗马农书的影响，因为实际上它们多半不是那么重要的。18 世纪欧洲农业的变革，可能是和投入劳力相比，要求有相对的较高的产量从而要改善地力的利用有关。正因为致力于这点，才使之后的两个世纪里的人口增加和发展得以实现。可是促使这个变革的动因却是来自东亚，从而可见现代文化基础的形成，归根结底也是有所借助于东亚的。”而中国所代表的东亚耕犁具有近代耕犁的基本特征，18 世纪后才由东亚传入欧洲。这些农具在不同程度上影响了欧洲传统农业的发展，进而引发了近代欧洲农业革命，为推动社会生产力的发展做出了重要贡献。美国学者罗伯特·K. G. 坦普尔在《中国：发明与发现的国度》一书中说：“奠定了产业革命基础的欧洲农业革命，只是由于引进了中国的思想和发明才得以实现。分行耕种、强化除草、现代条播机、铁犁、将犁起的土翻转的犁壁，以及有效的挽具，全都是从中国引进的。至于播种方法，在中国人的条播方法引起欧洲人注意之前，欧洲人每年大约要浪费一半谷种。的确，直到两个世纪之前，与中国相比，西方在农业方面是如此落后，以至于与中国这个发达世界相比，西方就是个不发达世界。”

中国先民在生产中提练的“精耕细作”的农学思想，也引来了欧美地区的广泛关注和学习。华夏民族在五千年的历史长河中，用勤劳和智慧开创了精耕细作的古代农业。精耕细作是先民基于中国农业的实际状况而总结出来的传统农法的精华。朝鲜半岛的高丽王朝于 1349 年、1372 年两次再版《农桑辑要》时，选择适合自己本国风土的部分加以刊印，这种将中国农书选择必要的符合本国风土的部分译成本国使用，为朝鲜形成独立农业生产奠定了基础。18世纪，《齐民要术》《农桑辑要》《农政全书》等农学著作纷纷传入欧洲，引发欧洲农学思想的革新。欧洲近代农业化学之父李比希（Justus von Liebig）认为，中国用养结合的施肥制度使得土地长期保持肥力，并不断提高土壤的生产力以满足人口增长的需要。20世纪初，美国学者富兰克林·H. 金（F. H. King）也指出，中国所代表的东亚农耕生产方式是一种可持续发展的行为，东亚农业重视农田水利的建设、善于积肥、强调集约经营等特点，值得西方借鉴。正是在精耕细作的条件下，中国在农艺和单位面积产量等方面达到了古代世界的最高水平。中国著名的农业历史研究专家李根蟠先生指出："中国古代农业尽管遇到无数次大大小小的天灾人祸，但从来没有由于技术指导的错误而引起重大的失败。不管遇到什么样的困难和挫折，精耕细作的传统始终没有中断过，而且，正是这种传统，成为农业生产和整个社会在困难中复苏的重要契机和重要手段。"由此可知，中国的精耕细作在文明的存续中起到了重要作用。

中国古代积累了数千年的耕作经验，留下了源远流长的农学思想和内涵丰富的农学著作。以《氾胜之书》《齐民要术》《王祯农书》《农政全书》等四大农书为代表的众多中国古农书基本反映了中国古代各个历史时期农耕社会的发展状况。这些农书中凝聚了独特的农学思想，协调发展的"三才观"、趋利避害的农时观、辨土肥田的地力观、种养"三宜"的物性观、变废为宝的肥田观、御欲尚俭的节用观，对世界循环农业和生态农业的发展产生了深远的影响。毫无疑问，蕴含其中最重要的思想是植根于对农业的高度重视，以农为本的重农思想已深入中国人的骨髓。这种思想不仅深深地影响了中国农业的发展，更是在世界范围产生了深刻影响。

在经济学发展史上占有重要地位的法国重农学派的起源就跟中国的重农思想有着极为密切的关系。17—18 世纪，欧洲兴起一股“中国热”，中国文化受到大肆推崇。18 世纪，法国成为西方启蒙运动的中心，法国启蒙思想家对中国文化的认同与汲取使之也成为欧洲传播中国文化的策源地。当时法国重要思想家，如伏尔泰、卢梭、孟德斯鸠等，都对中国文化表示不同程度的倾慕，而重农学派的代表魁奈更被誉为“欧洲的孔子”，这些学者们或大力赞同中国文化，或把中国文化中的精华吸取到自己的思想理论中。魁奈、杜尔阁等重农学派的重要代表人物，无论是其文化背景、思想体系本身，还是自然秩序学说、自由放任观念、重农理论、赋税思想等都吸取了中国传统重农思想的积极因素。魁奈在《中华帝国的专制制度》中，论述完中国农业以及农民的重要地位后，讲到“在欧洲有某个王国，至今尚未意识到农业或财富的重要性，……相反，在中国，农业总是受到尊重，而以农为业者总是受到皇帝的特别关注。”可见，他十分肯定中国重视农业的思想，并且从中引发出法国应该学习中国的感慨。重农学派特别是魁奈赞扬与主张效仿中国重农思想的言论，表明中国传统重农思想已经渗透到他们的重农观点之中，出现中国古代重农思想相似的观点就不足为怪了。此外，中国周边的日本、越南以及朝鲜半岛等更是受到了中国重农思想的深刻影响。

中华文明源远流长，她在不断地多元交汇中形成了博大精深、气势恢宏的农耕文明体系。在有文字记载的几千年中华文明发展历程中，农耕文明不仅赋予中华文化重要特征，使中华文化绵延不断、长盛不衰，而且对世界农耕文明的发展也产生了十分深远的影响。特别是经由丝绸之路，中国稻、豆、蚕丝、茶为代表的农业种质资源、农业生产工具、古代农书和农业生产技术体系的传播，不仅丰富了世界作物生产的内容，供养了世界众多的人口，其重农思想及生态农业的理念与实践对近代西欧农业革命产生了不容忽视的影响。中国农耕文化成为世界农耕文明体系形成和发展的重要组成部分，在世界农业发展的画册里大放异彩。

第二章　中国农耕文明的经济内涵

古老的华夏文明在悠久的岁月当中熠熠生辉。追根溯源，农耕文明的经济支持作用至关重要。在五千年漫长的农业经济发展历程中，中国逐渐形成了一种适应国情的、独特的农业经济发展道路。这一道路不仅决定了中华文明的历史进程，而且时至今日依然渗透在中国人的经济生活中，特别是农业农村社会发展的方方面面，并成为永恒的历史记忆。

第一节　以农为本的发展道路

中国农耕文明从萌芽走向发展，经历了漫长的历史时期，形成了具有多功能作用的小农经济。小农经济以家庭为生产、生活单位，农业和家庭手工业相结合，生产主要是为了满足家庭内部的基本生活需要和缴纳赋税，是一种自给自足的自然经济。这也是中国传统社会农业生产的基本模式。在没有天灾、战乱干扰的情况下，“男耕女织”式的小农经济可以使农民自给自足。一般而言，除盐铁外，家庭内部无需与外界联系，因此生活十分稳定，同时也具有较高的生产积极性。这种自给自足性的小农经济在古代中国经济中占据主导地位，在很长时间里推动了社会的进步与发展。

一、自给自足的小农经济

中国的地理环境不仅非常适宜农业经济的发展，而且特别有利于自然经济，即一家一户的小农经济的兴旺和发达。中国古代的农业经济产生以后，最初采用的是集体劳作的形式。一般以一个氏族或一个部落为单位进行集体劳作，氏族部落的首领们也亲自参加农事。这种集体耕作的形式在进入奴隶制时期以后，依然没有改变。此后，到了春秋战国（公元前 770 年—前 221 年）之际，随着生产力水平的不断提升，特别是铁器、牛耕的出现，井田制逐渐瓦解崩溃，农民的份地逐步私有化，并摆脱了作为领主贵族臣属的地位，大规模的集体劳作逐渐被一家一户的小农经济所代替。自此，小农经济在近 3 000 年的时间里都是中国主要的经济形态，它不仅在古代有重要的地位，而且直至今日它仍然在中国广大农村地区普遍存在着。

小农经济体制的出现在相当长的时期内是历史的进步。由于农民土地私有，经营比较自主，人身依附关系较轻，因而比之西欧中世纪的农奴有较高的生产积极性，成为推动社会经济发展的动力。单就农业产量而言，战国时期（公元前 476 年—前 221 年），亩产量合今为 30 千克。西汉初年（公元前 202 年—公元 8 年），据御史大夫晁错（公元前 200 年—前 154 年）估算，亩产量为 33 千克。至汉武帝时期（公元前141年—公元前87年）推行赵过的代田法后，亩产增加到43千克。此后，唐代（618—907年）亩产量为66千克，两宋时期（960—1279年）最高为116.5千克，明清时期（1368—1912年）的亩产量更进一步达到历史最高水平的220千克。与同时期的西欧中世纪相比，直到11—13世纪，英国大多数份地农平均占有15英亩（合90亩）份地，一英亩收麦8～9蒲式耳，合145～330千克。按三圃制计算，10英亩总产为150千克左右，如果连同5英亩休耕地在内，每英亩平均单产为100千克，折合1亩是16.5千克。可以看出，战国时期中国的粮食亩产量就已经是英国11世纪的2倍，西汉时期是2.6倍，唐代3.4倍，两宋则高达7倍。

这种细小、分散的小农经济呈现出脆弱性和自我恢复性的双重特性。只要风调雨顺，它就能够生存下去，而且还能创造出辉煌的成就，但这也决定了它的本质必然是一种非常脆弱的经济形态。小农经济经不起天灾人祸的打击，一有风吹草动，它就会遭受到破坏。虽然难免于贫困和破产，但只要条件稍有改善，如采取休养生息政策等，小农经济往往会十分迅速地展现其蓬勃的生机。

小农经济的经济形态是以核心家庭为基本经营单位，从事农耕并尽可能自给自足。它是从事生产和消费、小农业与家庭工副业相结合、自给性生产与商品性生产相结合的经济体。它掌握的劳动力资源和物质资源虽然有限，但利用比较充分和合理，具有很大的灵活性、适应性，能够在恶劣的社会环境和自然环境下顽强地生存下来。小农经济自给自足，缺少社会流动的动力，由此形成的社会具有很强的封闭性。人们的生活，包括吃、穿、住、行等，都主要局限在一个小家庭范围内。小农经济适应了中国古代生产力条件下的需要，也塑造了中国独特的政治制度和文化面貌。正是在无数个体农户的独立劳作下，中国农业才在漫长的历史中生生不息，延绵不绝。

二、农产品的商品化

虽然中国古代农耕经济以农业生产为主、手工业为补充，具有男耕女织的重要特征，且有着重农抑商的政策传统，但商业作为经济的一个重要部门，与农业、手工业生产的发展息息相关，既是农业、手工业生产领域的延伸，同时对当时的农业、手工业的发展，乃至社会发展产生深远的影响，与传统的农业经济互为表里、相辅相成。在商业的推动下，以农为本的传统社会出现了农产品的商品化。

商业是生产力发展到一定水平，有了社会分工和剩余之后才逐渐产生的。其初始的状态是生产者之间的直接物物交换，后来才有发展了的交换形式——商业。中国古代最早的商业活动要追溯至原始社会时期的物物交换，距今 5 000 多年的原始社会晚期，畜牧业与种植业分工，手工业（制陶、青铜）也相继与农业分离，交换相应扩大。古书中还有“因井为市”的传说，交易常在井旁边进行，以便汲水供人畜引用或将货物清洗干净，所以后世常把“市井”连称。春秋战国时期（公元前 770 年—前 221 年），铁制工具出现，极大解放了社会生产力，引发社会巨大变革。独立拥有生产资料和劳动产品的个体的增多为商品生产及其交换的发展创造了必要的社会条件。战国（公元前 476 年—前 221 年）之后，小农经济成为中国农业经济结构中一支重要的力量，个体小农为实现自给自足，必须把一部分农产品和手工业产品拿到市场上去卖，以买回自己所需要的生产资料和生活资料。这部分农产品主要是粮食。

但一般认为，宋朝以前，农业经济中商品性农业的成分不多，占主导地位的是自给自足性农业。宋代（960—1279 年）以后，随着城乡商品经济的发展，商业性农业开始发展起来。明朝（1368—1640 年）建立之后，在内地，伴随着城市的繁荣和工商业人口的不断增加，粮食的需要促使商品粮的生产迅速增加。在边要地区，配合国防的需要和边地军民驻屯的需要，对商品粮生产的要求也在不断提高。农产品商品生产大量发展的趋势，促使地主和农民专为市场而生产农产品。

由于在商品性农业发达的地区，棉农、蔗农、烟农、菜农和果农必须出售其所生产的经济作物而购买粮食和其他生活必需品，反之，粮农也必须出售粮食来购买棉、蔗和烟草等必需品，农业间的分工扩大，对市场的依赖性增强。根据李文治先生的研究：其中在以粮食作物为主买布而衣的地区，农产品商品率为 30%～35%；以粮产为主兼事植棉纺织的地区，农产品商品率为 35%～40%；植棉纺织专业区和专业户，农产品商品率为 60%～70%；除棉蚕外的其他经济作物同粮食作物混合种植类型区，各类农户因种植经济作物所占比重而不同，一般在 30%以上，最高可达 80%。[①]

商业性农业的出现有力促进了农业的专门化生产，有利于不同区域、不同类型的农户更好发挥比较优势，从而促进了农业生产的发展，这种变化也为新的社会结构的孕育奠定了坚实的经济基础。

第二节　南北经济区殊途同归

从 7 000 多年前起，中国的黄河中下游流域、长江中下游流域的原始农业就已经开始向着不同类型发展，黄河中下游成为中国最早的旱地农业发祥地，而长江下游则成为中国最早的稻作农业生产地区。

一、黄河中下游农业经济区的盛衰

中国古代将黄河中下游以崤山、函谷关为界分为关东（或称山东）、关西（或称关中、山西）两大区。关东区的主体部分是黄河下游的华北平原。其西端伊、洛、河、济四水之交的、相当今洛阳为中心的大河南北地区，亦即历史上所谓三河（河南、河内、河东）地区，是中国黄河流域农业文明的起源地。因为它西接关中盆地，东连华北平原，因此《史记·货殖列传》将其称为“天下之中”。20 世纪 70 年代在今河北武安县磁山和河南新郑裴李岗所发现的新石器时代

① 李文治：《论明清时代中国农民经济商品率》，《中国经济史研究》1993 年第 1 期。

早期遗存中，已有了农业的痕迹。磁山遗址还发现了粟的遗存，从出土的农具和粮食加工工具来看，当时农业已从原始的刀耕火种进入了耜耕农业阶段。

夏、商、周三代（公元前 2070 年—前 221 年）黄河中下游地区的农业继续得到发展。根据甲骨文的记载，殷人使用耒、耜、犁等生产工具，种植黍、稷、粟、麦、稻、菽等粮食作物。商代（约公元前 1600 年—约公元前 1046 年）奴隶主贵族好酒成风，说明当时已能用剩余的谷物来酿酒。卜辞中有蚕、桑、丝、帛等字，也是蚕桑和丝织已很兴盛的证明。西周时期，使用更进步的耜、镈、铚等农业生产工具，大面积地开垦荒地；人们已经知道引流灌溉和选择向阳的地方种植，以利于农作物的生长；并实行休耕制及深耕、熟耘、壅本等比较精细的耕作方法，把农业生产提到了更新的水平。

战国秦汉时代（公元前 476 年—公元 220 年），铁器牛耕的推广带来黄河中下游流域农业的新飞跃。农业生产获得全方位发展，大型农田水利灌溉工程相继兴修。在本地区逐渐形成了关东、关中两个经济文化中心。

所谓关东是泛指函谷关以东、至山东半岛的广大地区，关中则包括关中盆地和泾、渭、北洛上游等地区。据考古资料证明，关中地区在仰韶文化时期气候温暖湿润，水草丰茂，自然条件优越，适宜人类居住。仰韶文化型半坡遗址的先民已经过着定居生活，社会经济以农业为主，出土的农具有 700 多件，还有粟米和菜籽等遗存，同时还饲养了家畜，兼营渔猎。据《诗经》《史记》等书的记载，西周时（公元前1046年—前771年）关中平原的农业生产技术和管理水平已经相当高了。农作物除了适宜北方水土的黍、稷、粟、麦以外，还种植了水稻。春秋战国时期（公元前770年—前221年），关中平原的农业继续保持着向上发展的势头，铁制农具的使用和农战政策的推行，使关中平原最早获得“天府”的誉称。

公元前246年，秦国在关中平原修筑了郑国渠，汉武帝（公元前141年—前87年）时又兴修了六辅渠、白渠、漕渠、成国渠等，使渭河两岸土地都得到良好的灌溉。秦代和西汉时期（公元前221年—公元8年），关中地区是京畿所在，处于全国的政治中心，都推行了“实关中”和“戍边郡”两种移民政策，前者是把关东的一部分人口财富，移置到关中盆地，目的在巩固中央集权的统治；后者就是移民实边，目的在巩固西北边防。移民政策使关中地区增加了劳动力，并把农业地区推广到黄河中游各边郡和黄河上游的河套等地。

位于关中盆地中心的咸阳、长安，都曾是全国的最大城市。秦都咸阳与全国各地有驰道相通，陆路交通极为便利。西汉首都长安城外泾、渭、灞、浐、沣、滈、涝、潏八水环绕，本身农业经济就很发达。向东与关东地区的漕运交通，向西由栈道转输巴蜀的货物和陇上羌中的畜产，并通过西南最大的商业中心成都，加强与边境各族的联系。

西汉（公元前202年—公元8年）以后关中平原的农业生产遭到两次严重破坏。一次西汉末年的王莽之乱（公元前45年—公元23年），一次是东汉末年的董卓之乱（189—

192 年)，长安地区成为战场。魏晋十六国北朝时期（220—589 年)，关中水利虽有所建树，农业生产稍有复苏，但已不能与秦汉时期相提并论。隋唐时期（581—907 年)，关中平原再度成为全国政治中心，农田水利倍受重视。唐前期在渭河南北修复汉魏以来旧渠和开凿新渠为数不少，但由于气候条件的恶化，河道淤塞，效果并不理想。如修复的郑国渠和扩建后的三白渠，在唐前期所灌溉面积仅秦汉时代的 1/4，而后期仅及 1/7。关东地区在隋唐时代农业生产十分发达，成为全国经济重心所在。从东部地区运输粮食给关中成为当时中央政府的头等大事。隋炀帝（604—618 年在位）时将洛阳设为东都，唐高宗（649—683 年在位）以后很多帝王曾在关中缺粮后就食洛阳。

宋代（960—1279 年）建都开封，对关中地区不如唐代重视。郑国渠已“全废不可复”，白渠所溉“不及二千顷”。元代（1271—1368 年）关中地区的灌溉系统基本被破坏，农业发展大受影响。明清时期（1368—1912 年）关中小型灌溉工程普遍开展，是西北重要小麦产区，但其在全国经济地位已远不如汉唐时代。

关东地区的农业是从山麓地带向平原地区发展的。各地发现的商代遗址分布在豫西山地、太行山东麓一线的山前冲积扇上。这里地势较高，排水良好，土壤肥沃，是理想的农业地带，商人在此已有相当规模的农业，其发展的势头一直保持到唐代前期始终不衰。但是，从安史之乱（755 年 12 月 16 日至 763 年 2 月 17 日）后，关东的农业开始走下坡路，在全国农业经济中的重心地位逐渐让位给了长江中下游地区。

二、长江中下游农业经济区的发展

长江中下游是中国原始农业遗址分布密集地区，距今七千年前已有足以与黄河流域相媲美的发达定居农业。浙江余姚河姆渡遗址有丰富的稻作遗存，据鉴定属于栽培稻的籼亚种晚稻型水稻。但那时当地还保留着大片的原始森林，湖沼洼地到处存在，在铁器农具尚未使用之前，农业生产的大规模发展是有困难的，因而渔猎经济还占着相当重要的地位。农业经济发展的步子比较缓慢，直至春秋时代杭州湾地区的越族还处于迁徙农业阶段。

两汉之际，长江中下游地区农业人口的大幅度增加促进了农业经济的发展。东汉永和五年（140 年）在宁绍平原上兴修的鉴湖，能溉田九千顷①。魏晋南北朝时期（220—589 年），北方战火连绵不断，大量人口南迁，据谭其骧先生研究，可能达到 90 余万人，精耕细作技术也随之传入。三国东吴建国于东南，特别重视农业生产，在太湖流域大力兴办屯田，并将山越人移出平原后列为编户，更为农业生产提供了充分的劳动力。东晋南朝时期，长江中下游地区由地广人稀变为发达农业区，呈现一片富庶景象。

从隋灭陈到宋统一全国的不到 400 年中，南方户数增加了 4 倍多。据统计，自唐至元，全国兴建的水利项目共 1 590 项，而长江流域即占 1 333 项，其中又主要集中在江苏、浙江、福建、江西 4 省。南方农业持续发展，终于实现

① 1 顷＝100 亩≈6.667 公顷。——编者注

了对黄河流域农业的历史性超越，从而促进了全国经济重心的转移。五代时期，又对太湖流域水系作全面整治，形成了五里一纵浦、十里一横塘的灌排系统，又结合太湖流域环境特点，大力修筑圩田，于是“百年间，岁多丰稔”。

两宋时期（960—1279 年），长江中下游地区人口高度密集，造成耕地不足，于是围湖造田、垦殖海涂蔚然成风。北宋前期，占城稻首先传入东南地区，为进一步扩大耕地面积提供了条件。稻麦复种制的推行使得亩产量大为提高，元朝江南粮食通过京杭运河转输北京。明成化年间（1465—1487 年）各地运粮至京师四百万石[①]，南粮占 80%，而苏、松、常三府又占南粮中大部分。

第三节　旱地农业与水田农业

中国农区内部大致以秦岭—淮河为界，南北自然条件有较大差别。这条界线以北的黄河流域属暖温带干凉气候类型，年降水量 400～750 毫米，集中于高温的夏秋间，有利于作物的生长，但雨量年变化率较大，干旱是农业的主要威胁。这就决定了该地区农业是从种植粟、黍等耐旱作物开始的，而抗旱保墒一直是农业技术中心环节之一。

这条界线以南地区，基本上属亚热带和暖温带类型，雨量充沛、河湖密布、水源充足、资源丰富。这就决定了该地区很早就以种植水稻等喜湿作物为主，而农田的排灌成为农

① 据吴慧著《中国历代粮食亩产研究》，明代 1 石约为 1.022 5 升。

业发展的重要条件。早在距今六七千年以前，黄河流域和长江流域就分别形成了以种植粟、黍为主的旱地农业和以种植水稻为主的水田农业。

春秋战国（公元前770年—前221年）以后，中国进入铁器时代，此后，由于铁农具和牛耕先后在黄河流域普及，推动了农业生产的全面发展。北方旱地精耕细作的抗旱保墒技术体系由此形成。东汉末年以后，黄河流域长期战乱，北方游牧民族又相继进入中原，使农业生产遭到严重破坏，但精耕细作的传统没有中断，经过北魏以来农业的恢复，终于迎来隋唐的重新统一和农业生产更大发展的局面。黄河流域之所以首先成为全国经济和政治的重心，固然由于这里平原开阔、黄土疏松、森林较稀，便于在生产力水平较低的条件下获得早期的开发，也与这里地处中原，便于吸收和融汇各地区各民族先进的农业文化因素有关。黄河流域的农业是在华夏族先民创造的粟作农业的基础上，吸收了稻作文化、麦作文化、游牧文化的某些因素而发展充实起来的。

长江流域早在原始时代已拥有足以和黄河流域粟作农业相媲美的稻作农业，在北方游牧民族崛起以前，南方稻作文化集团在相当长时期内是与中原粟作文化集团相抗衡的重要力量。春秋时南方民族建立的吴、越、楚和巴蜀等国，经济发达，对农业发展有所建树。南北差距的拉大可能是从战国开始的。当华北逐步形成精耕细作的农业技术体系时，江南广大地区地旷人稀，许多地区水稻生产采取比较粗放的火耕水耨的方式。这里山多林密、水面广、洼地多，气候湿热，瘴疫流行，威胁人类健康，不利于劳动力的再生产。而天然食品库相当宽裕，人们可以通过采猎取得相当大一部分生活资料，因而延缓了人们为发展农业生产所作的努力。

西汉史学家司马迁在《史记·货殖列传》里就说当时的黄河中下游地区，都是膏壤千里，气候温润，宜于桑麻。与此相对照的是，当时的淮河以南及广大的长江流域中下游地区，远不如黄河流域中下游地区经济、文化发展程度之高。从西晋末年八王之乱（291—306 年）至南朝末年（589 年），由于北方战乱及少数民族内迁，北方经济衰退。而江南相对稳定的环境，使北方人民为逃避战火纷纷南迁，为南方农业生产增加了大批劳动力，特别是带来了先进的生产工具和技术。他们同南方的汉族人民及山越等少数民族人民共同兴修水利，开垦出大片良田。水稻栽培技术有所提高，小麦开始推广，牛耕得到普及。火耕水耨的粗放经营方式也为精耕细作的水田农业技术体系所替代。精耕细作的水田农业技术体系，是南北农业文化交流和融汇的产物，在重视农田排灌和水浆管理，重视多熟种植和土地资源的综合利用等方面，显示出不同于北方旱地农业技术体系的特色。长江中下游经济迅速发展，福建、广东和广西也得到一定程度的开发。到南朝末年，南方经济开始赶上北方。

从“安史之乱”（755—763 年）到五代十国时期，北方再次经历了长期战乱，经济遭到严重破坏，直到后周世宗时才得到恢复和发展，而南方相对稳定，各国统治者为了保存和增强自己的实力，都比较重视农业生产。同时，许多中原人民流迁江南，增加了当地的劳动力。所以，南方社会经济又获得较大的发展。

南宋（1127—1279 年）时期，南方农业经济在原有的基础上突飞猛进。在农作技术最发达的江浙地区，水田增加，水稻种植面积扩大，产量大幅提高，“苏湖熟，天下足”的谚语形象地反映了太湖流域的农业生产在全国所占的重要地位。此外，棉花的种植推广、棉纺织技术的提高、造船技术的进步以及商品经济的发展和海外贸易的繁荣，都是北方所不能企及的，这都说明南方经济已经超过了北方，取得了不可动摇的经济重心地位。

第三章　中国农耕文明的科技支撑

农业发展以农业技术的进步为基础。在源远流长、辉煌灿烂的中华优秀传统文化中，古代科学技术对中华文明和人类文明作出了重要的贡献，产生了深远的影响。英国科技史学者李约瑟（Joseph Needham，1900—1995 年）认为：在相当长的历史时期内，中国古代科技并不亚于世界任何地区。中国古人通过辛勤的劳作和实践经验的积累，创造了大量领先于世界的农业生产技术，包括适用的农业生产技术和规模宏伟的水利工程。

第一节　长期领先的农业生产科技

中国历史也是一部农业科技的发展史，古代社会在农业气象学、土壤学、农具和耕作制度方面都取得了巨大的成就，使中国农业生产技术水平长期保持领先的水平，并对世界农业产生了深远的影响。

一、重视天文以不违农时

天气现象风云变幻，时刻影响着人们的生产生活。华夏先民在与大自然的长期互动中，日渐适应了四时交替，辨明了雨雪晴霭，见证了气象万千，并逐渐探索出气象变化的一般规律，形成观天察气、看云识天的气象学识，成为中华民族的宝贵精神财富和独特文化资源。

早在夏代（约公元前2070年—约公元前1600年），已有观象授时之说。《夏小正》以夏代十二月为纲，记述了每月星象、气象、物象及所应从事的农事和政事。至殷商，古人开始认识并记载各种气象，甲骨卜辞中风、云、雨、雪、雹、雾、霰、霜、雷、电、虹等气候现象，是世界最早的气象记录之一。周秦之际，人们已更加成熟地解释气象、预报气象和记录气象，《周易》《尚书》《诗经》《左传》《国语》《孙子兵法》《庄子》《孟子》《管子》《吕氏春秋》《尔雅》《黄帝内经》等存世文献，都记载了大量物候知识和气象信息。秦汉至隋唐，出现了二十四节气及七十二物候，发明了湿度计、风速器等气象仪器，并科学解释了雷、电、降水等季节性气候现象。宋元时期（960—1368年）是中国古代科技发展的黄金时代，较之以往，宋元气象学的科学化趋势更加鲜明，不仅描述了梅雨、龙卷风、季风、雷阵雨等特殊性、区域性气候现象，首创了雨量、雪量等观测技术，而且对大气光象、雷电霜雾等气候现象的认知更为科学、合理。明代雨量观测、航海气象、天气预报等技术日益精进，农业气象谚语广泛传播，气象云图等推广使用。清末，天文学开始呈现出由传统向近代转变的趋势。

农业耕作需要遵循农时。根据史书记载，"农时"的概念在原始农业社会已经产生。《夏小正》《诗经·七月》《礼记·月令》中都有古人关于按时而作、进行农业生产的记载，遵循农业生产节律的"月令图式"也逐渐成为国家安排各种政治、经济、文化活动的范式。

《夏小正》是中国现存最早的一部农事历书，记录了夏朝的天文历法与农时知识，包含了夏人积累的对自然气候和农业生产关系的认识，比较系统地反映了三代农业及社会生活情况。它按照夏代月份的顺序，分别记述了每个月的星象、气象、物象以及所应从事的农事活动，指导开耕、播种、收获的时间。《夏小正》中记载的天时与地上的农时相结合的特点，不仅表现在种植业上，还包含了园艺业、桑蚕业。除《夏小正》外，《周易》《尚书》《诗经》等文献中也记载了上古时期天文历法与农事的紧密联系。

西周（公元前 1046 年—前 771 年）发明了用圭表测影确定冬至和夏至的方法。而且，从周代开始，已经使用十二地支计时，将一天分为十二个时辰。到春秋战国（公元前 770 年—前 221 年）发展为二十四节气。二十四节气是以土圭实测日晷为依据逐步形成的。最晚于春秋时出现的分、至、启、闭是它的八个基点，每两点间再均匀地划分三段，分别以相应的气象和物候现象命名。二十四节气的系统记载可见于《周髀算经》和《淮南子》。它准确地反映了地球公转所形成的日地关系，与黄河流域一年中冷暖干湿的气候变化十分切合，便于古人对农事季节的掌握。二十四节气是中国农学指时方式的重大创造，至今对农业生产起着指导作用。

二、培肥利地以涵养土壤

在五六千年前，中国进入原始农业社会之初，古人就认识到了施肥对农作物生长的作用。相传神农氏后代烈山氏，以烧山种田而得名，他率领群众烧草木灰种植谷物和蔬菜，反映了古人对自然肥草木灰的施用情况。

“灰”在农家肥中占有重要地位，含有大量的钾肥和磷肥，能改良土壤结构，增加土壤通气性和渗水性，使土壤疏松绵软，不致板结，保水保肥，提高地温。“灰”的发现和利用，为中国农家肥的起源拉开了序幕。

西周（公元前 1046 年—前 771 年）时，在农业生产中出现了利用绿肥的撂荒休闲耕作制。古人为增加粮食产量，让耕地休闲一年或更多的时间，使之撂荒，生长杂草，恢复地力，增加有机质。《诗经·良耜》曾记载：将腐烂的苦菜野草和生长茂盛的黍、稷等庄稼联系起来。表明当时已经认识到苦菜野草一类植物腐烂后的肥效作用。《礼记·月令》中详细记载了割草压绿肥的技术，对中国古代绿肥的发展奠定了基础。春秋战国时期（公元前 770 年—前 221 年），有关培肥利地的记载更多。《荀子·富国》《韩非子·解老》的记载都体现出当时人们对绿肥也有了较高的认识，当时的人们会在夏季把野草割掉焚烧或堆放坑里腐烂发酵成为肥料，施用于田里，促使作物生长。《左传》记载隐公六年（公元前 717 年），在北方地区还广泛使用了土粪，把泥土、蒿秆和草木灰等以及人畜粪尿混合在一起，焙制成土粪，上到田里，促进作物生长。当时，中国已经开始使用人粪尿、畜粪、杂草、草木灰等做肥料。

西汉时期（公元前 202 年—公元 8 年），中国的培肥利地达到了新的高度。厩肥、蚕矢、缲蛹汁、骨汁、豆萁、河泥等也被利用为肥料，其中厩肥在这时特别发达。《氾胜之书》不但把施肥和灌溉作为耕作栽培的基本措施之一，而且记述了施肥和灌溉的具体技术。书中记载当时的肥料种类有溷肥、厩肥、蚕矢、碎骨等多种，同时还对施肥的方法做了详细的说明，即春季播种时，把粪均匀地撒在田里，盖严耕土。这种方法既能增加土壤肥力，又能起到保墒作用，还能比较长时间地供给作物养分。此外，《氾胜之书》中还提到了"溲种法"，通过增强种子的防虫、耐旱、抗寒能力，促使种子早发芽，供给幼苗养分，提高粮食产量。由于施肥的普及，直接促进了积造肥的发展。汉代（公元前 202 年—公元 220 年）逐步推广圈养猪，农家肥的数量和质量都有所提高。汉代人在处理人畜粪尿方面已有生、熟之分。生粪经过腐熟发酵，能杀死病菌和虫卵，使复杂的有机质变得简单，植物容易吸收。

魏晋南北朝时期（220—589 年），又出现了栽培绿肥技术。栽培绿肥作为肥料，在中国肥料发展史上具有非常重要的意义，开辟了一个取之不尽、用之不竭的再生肥料来源。西晋郭义恭《广志》中的记载是有关在水稻轮作中用苕子作水稻基肥的最早记录。到北魏时，出现夏绿肥，据《齐民要术》记载，种类有绿豆、小豆、芝麻等。当时使用的效果很好，肥效很高，具有明显增产效果。

进入宋代（960—1279 年）以后，随着人口的急剧增加以及土地资源的过度开垦，单靠休耕的方式已无法保持土壤肥力。特别是对于人口密度大、耕地面积有限的中原及江南一带，倘若长时间抛荒休耕，必然引发严重的粮食危机。因此，宋代人不得不寻求其他的方法来维持土壤肥力，继而达到增产增收的目的。此时，一些无机肥料如石灰、石膏、硫黄等也开始在农业生产上得到应用。据不完全统计，宋元时期（960—1368年）的肥料共有45种：粪肥6种、饼肥2种、泥土肥5种、灰肥3种、泥肥3种、绿肥5种、稿秸肥3种、渣肥2种、无机肥5种、杂肥12种。

明清时期（1368—1912年），由于种植业飞速发展，多熟和复种指数得到大幅提高，对肥料的需要也随之大大增加。千方百计扩大肥源，增加肥料，成为这一时期发展农业生产的重要内容，肥料种类因此也不断增加。当时，中国肥料的种类总计有130余种。其中，有机肥料占绝大多数，反映了中国古代以有机肥料为主、无机肥料为辅的肥料结构特点。

三、使用牲畜以提供动力

在原始农业时期，人是农业生产活动的主要动力，《诗经》中记录的“耦耕”即是以人力为主要动力的原始农业劳动形式。春秋战国时期（公元前770年—前221年），开始出现牛耕，至秦汉时期牛耕开始普及起来。

各朝代对保护耕牛几乎都有立法。最早涉及畜产的法令是秦国商鞅（约公元前390年—前338年）。秦始皇（公元前259年—前210年）时期制定了“厩苑律”，对官牛的饲料供给、饲养管理及官牛私用等都有法律规定。如果由于饲养不当，一年死三头牛以上，养牛的人有罪，县丞和县令也有罪。如果一个人负责喂养十头成年母牛，其中的六头不生小牛的话，饲养牛的人就有罪。汉朝初，萧何（？—前193年）制定的“律九章”中就有“厩律”，不管这牛是官家的还是自己养的，只要伤害了就要受到法律处罚。汉朝还有一条关于牛的律法是如果随意屠杀正值壮年的牛就要“以命抵命”。隋唐时期（581—907年），私自杀牛至少判刑一年，杀两头以上就是死罪。为了保证农业生产有足够力畜，以禁止私杀牛为原则的耕牛保护制度，成了根植在农业基础上的中国各朝各代集权政府最为关注的国家大事，因此对耕牛的保护才载入了历代王朝的法律体系之中。

实际上，对耕牛的大力保护，在很大程度上反映了牛耕普及的迫切需求。两汉时期，国家也推行了诸多推广牛耕的措施。如国家控制有一定数量的耕牛，或无偿发放，或借给农民使用。汉武帝时，曾大规模实施移民实边政策，并无偿给予这些移民耕牛。此后，汉昭帝（公元前87年—前74年在位）曾援引武帝（公元前141年—前87年在位）的做法。此外，国家还通过教育和行政命令促进民间耕牛饲养量。例如，汉宣帝（公元前74年—前48年）时期的渤海太守龚遂曾用行政命令兼劝教的方式来扩大耕牛饲养量以确保牛耕的普及。

到汉代（公元前202年—公元220年），牛耕技术已经发展到一个较高的水平，这从各地出土的牛耕图画像石可以清楚地看到。目前出土的汉代牛耕图画像石，都是东汉时期的，共有十三幅，其中包括两幅壁画。这些牛耕图画像石大多分布在北方地区，如内蒙古、山东、陕西、山西。中国古代的耕牛主要是牵鼻御牛法和二牛抬杠法。

御牛法，战国时（公元前476年—前221年）已有明确记载牵牛鼻子方式。牛鼻穿环，是指以绳索牵引驾驭黄牛的方法。采用这一技术御牛，可以省去专门的牵牛人。至于二牛抬杠法，也称作"耦耕"，是农业耕种过程中，人、牛、农具的结合方式。《汉书·食货志》有"二牛三人"的记载。而根据汉代画像石砖，秦汉时期耕犁有"单长辕犁"和"双长辕犁"两种。在汉代的壁画慕牛耕图和画像石牛耕图中，如果是两牛拉犁，基本都是单长辕犁，采取二牛抬杠式套类；如果是用一牛拉犁，多数用双长辕犁。由此可知，当时挽犁方式多是二牛挽犁。

四、改良耕作制度以提高复种指数

原始社会时期，中国的耕作制度是撂荒制，这也是中国最早使用的耕作制度，具体表现形式为刀耕火种。这种原始的耕作制度，在新中国建立前的云南怒江独龙族中使用。夏、商、西周时期，中国开始出现休闲耕作制。典型的休闲形式，是西周时期"菑、新、畬"的土地利用方式。菑、新、畬是一块农田三年中所经历的三个不同利用阶段。据古人的解释，菑是"不耕山"，即休闲的田；新是休闲后重新耕种的田；畬是耕种一年后地力舒缓柔和的田。菑、新、畬是以三年为一周期的一年休闲、两年耕种的休闲种植制度。与撂荒制相比，这种休闲耕作制的优势在于：耕地闲置的期限大大缩短，土地利用率有了提高；开始对自然有计划地恢复地力，已将用地和养地结合起来。

春秋战国时期（公元前770年—前221年），中国的耕作制度发展为连年种植制度。这种连年种植制在春秋时期已经出现。《周礼·地官》中所记的“不易之地”就是连年种植的耕地。战国时各诸侯国纷纷变法，大力开垦生荒地和熟荒地来发展生产，连年种植制在这一时期有了明显的发展。

两汉时期（公元前202年—公元220年），中国北方在连年种植制的基础上发展出轮作复种制度。实际上，轮作复种技术在春秋战国时期（公元前770年—前221年）已有记载，只不过这一时期的轮作复种，只是局部地区出现的个别现象，到汉代才成为一种耕作制度。古籍记载表明东汉时期轮作复种已在中国北方形成制度。这种轮作复种制的种植方式是“禾—麦—豆”的轮作，为二年三熟制。

魏晋南北朝时期（220年—589年），逐渐形成了一种谷物与豆科作物复种的多熟制。这一制度是在汉代三科作物轮作的基础上发展起来的，包括豆科作物同禾谷类作物进行轮作的禾豆轮作制和豆科绿肥同其他作物进行轮作的绿肥轮作制。其中，禾豆轮作制包括五种轮作方式：绿豆（小豆、瓜、麻、胡麻、芜菁或大豆）—谷—黍、穄（小豆或瓜）；大豆（或谷）—黍、穄—谷（瓜或麦）；麦—大豆（小豆）—谷（黍、穄）；小豆—麻—谷；小豆（晚谷或黍）—瓜—谷。绿肥轮作制包括三种轮作方式：稻苕轮作；谷、绿豆（或小豆、胡麻）轮作；葵、绿豆轮作。这种有意识地把豆科作物纳入轮作周期、提高土壤肥力的做法，是中国古代轮作制中一个重大的特点，同时也是中国生物养地的先例。

唐宋时期，由于大量人口南迁，江南人口急剧膨胀，人地矛盾日渐突出。北人南迁又增加了南方对小麦的需求，麦价随之高涨。为缓和人地矛盾、满足小麦需求，江南地区开始利用稻田的冬闲期种麦，由此在南方逐渐形成了稻麦两熟制。稻麦两熟制最先出现于唐代（618—907 年）。至宋代（960—1279 年），长江下游地区也逐渐开始施行稻麦两熟制。随着不断推广，一年两熟制的稻麦组合，油菜、蚕豆、蔬菜等也成为轮作作物。稻麦两熟制在江南的形成，一方面，增加了复种指数，提高了土地利用率，为增加粮食来源、缓和人地矛盾开辟了新途径；另一方面，也发挥了水旱轮作、熟化土壤的作用，起到了保持和提高地力的功效。

明清时期（1368—1912 年），中国人口急剧增长。明洪武十四年（1381 年）为 5 987 万人，清道光十四年（1834 年）已猛增至 40 100 万人。随着人口的爆炸式增长，人均耕地面积从 14.56 亩[①]/人下降至 1.65 亩/人，人地矛盾异常突出。在这一背景下，提高复种指数、施行多熟种植的耕作制度得到发展，南方双季稻和三熟制不断发展，北方两年三熟制得以普及。

明清时期（1368—1912 年）在长江流域以南和华南沿海一带的耕作制度主要是三熟制，其种植方式是双季稻加一季旱作，主要的是“油菜—早稻—晚稻”，也有“麦、稻、

① 据吴慧著《中国历代粮食亩产研究》，明代 1 亩约合 614.4 平方米，即 0.061 44 公顷。

稻”一年三熟制。在北方地区，主要的耕作制度是三年四熟制和二年三熟制。主要分布于山东、河北及陕西关中等地，种植作物以粮食为主，兼有养地作物、油料作物和秋杂粮。多熟种植的推行，不仅提高了粮食产量，还提高了土地利用率。

五、改良农具以提高生产效率

原始农业的生产工具主要是木石工具，如石斧、木耒、骨耜、石镰等简单工具，原始社会后期，出现了石犁，由原来耒耜上下间隙作业，变成水平连续运动，大大提高了工作效率和耕作质量。进入文明时代，耒、耜仍然是人们进行农业生产的重要工具，只是农具的材质发生了改变。

中国的原始农业发生在距今一万年左右，萌芽于旧石器时代晚期，发生和发展于新石器时代，是直接从原始采集经济逐步过渡而来。刀耕火种是最原始的耕作方法。刀耕火种农业的农具主要有以下几种：其一，砍斫器和石斧，是砍伐树木清理杂草的主要工具；其二，尖木棒，由采集经济时期挖掘根果的尖木棒逐步改进而来；其三，石刀和石镰，是用于割取野生植物穗子的收获工具；其四，石磨盘和石磨棒，是用来把野生谷穗进行脱粒去壳而后烧烤而食的工具。

在刀耕火种时代之后，中国进入耜耕阶段，又称锄耕阶段。这是中国近一万年的农具发展史中最长的一个阶段。这一阶段的农具虽比刀耕火种阶段有进步，但是仍属粗笨原始低效的类型。从农具原料看有石、木、骨、角、陶、蚌、牙等。其中以石器最为常见，其次为骨器，再次为蚌器。从用途看可分为砍伐器、翻土器、掘土器、松土器、收割器、粮食加工器诸类。主要器形有石斧、石铲、骨铲、石锄、石锹、石刀、骨刀、陶刀、石镰、蚌镰等。到新石器时代晚期在太湖流域和黄河流域晋南某些地区出现了石质犁形器，石刀、骨刀、陶刀、石镰、蚌镰、牙镰、角镰等工具成为最重要、最多的农具。

夏商周（公元前 2070 年—前 256 年）时期是原始农业向以精耕细作为主要特征的传统农业的过渡时期，同时也是传统农业技术的萌芽时期。这一时期，青铜农具虽然广泛存在，但由于铜的产量小，且贵重，制作农具的主要材料还是木、石等，耒、耜仍然是人们进行农业生产的重要工具。

春秋战国时期（公元前 770 年—前 221 年）是中国农具史上的第一次大变革时期。人们逐渐掌握了冶炼铁技术，铁农具逐渐代替了石制、骨制等笨重易损的农具。中国进入铁器时代的确切时间目前尚没有定论，但据考古材料估计，大约是西周晚期到春秋这一段时间。春秋初年，管仲曾向齐桓公建议，用铁铸造农具，将铜集中用于制造武器。考古发现显示，春秋战国时期已出现了生铁柔化处理技术，使又硬又脆的生铁变成具有韧性的可锻铸铁。可锻铸铁的出现，大大提高了铁的生产率，降低了成本，改善了质量，为铁农具的推广创造了有利的条件。目前，出土的战国中晚期铁农具已遍及今河南、河北、陕西、山西、内蒙古、辽宁、山东、四川、云南、湖北、安徽、江苏、浙江、广东、广西、天津等地。铁农具主要种类有镬、锄、锸、铲、镰和犁。在黄河中下游地区，当时的人们甚至把使用铁农具耕作看作如同用瓦锅做饭一样的普通，这一现象表明木石工具已基本退出了中国古代农业生产历史舞台。

秦统一全国为农业经济发展提供了有利条件。汉代初期允许私人自由铸造铁器，使铁农具得到迅速推广。战国到西汉初期的农具仍多为铁口，西汉中期以后，铁口工具已经完全被全铁工具代替。这表明冶铁的地点和铁器的产量都有增加。这时不仅中原地区普遍使用铁器，边疆少数民族地区也出现了铁器，有的还建立了自己的冶铁业。西汉铁器出土地点达六十多处，东汉则增加到一百多处，铁制生产工具的出土数量和品类，比战国时期都大大增加了。到汉代后，各地出土的铁农具，有耒、锸、铧、铲、锄、多齿锄、镰等，这说明与北方旱地精耕细作技术体系相适应的一系列农业生产工具已经出现。汉代时，犁壁的出现可以翻松土壤，去除杂草、虫害，提高了土壤耕作的质量。此外，还先后新出现了方銎宽刃镢、双齿镢、三齿耙和钩镰等农具。其中钩镰比战国时期的矩镰更适于收割稻麦。东汉时期的新式农具还有全铁制的曲柄锄和钹镰。东汉时期的犁铧形式较前又有改进，“V”形犁的铁刃加宽，尖头的角度逐渐缩小，较前坚固耐用、省力、深耕。巨型犁铧的使用也较前普遍。

唐宋金元时期（618—1368 年）的农具又加大了创新，是中国农具史上第二次大变革时代。在晚唐时期（875—907 年），江南地区出现了曲辕犁，又名江东犁。曲辕犁增加了犁的部件，犁辕变弯变短，增加了犁的灵活性、可调节耕田的深浅，特别适合南方水田狭小、不规则的田块作业。宋代（960—1279 年）时，与南方水田精耕细作技术体系相适应的一系列农业生产工具也都已经出现。这一阶段的全国农业技术和农具的使用情况，从《王祯农书》中可窥一斑。这部巨著是中国第一部兼论南北，从全国范围内对整个农业系统性进行探讨，并将南北农业技术及农具的异同、功能，进行分析比较研究的综合性农书。《王祯农书》约计十三万六千多字，插图 281 幅，《农器图谱》所载的农具种类繁多。此外，值得注意的是，金代（1115—1234 年）农具出土的地域之广，种类之多，是金代以前北方任何一个朝代所不及的。金代的农业也是中国北方古代农业发展史上发展速度最快的时代之一。

传统农业工具到宋元时期（960—1368 年）已基本定型，明清时期在整地、播种插秧、中耕施肥、收获脱粒等方面的农具改进不大。但值得注意的是，在耕犁方面有一项重要的创造，即江苏水田地区的绳索牵引犁。根据 1627 年王徵编撰的《新制诸器图说》记载，这种犁应用轱辘原理，用绳索牵引犁。在耕地两头放置两座绞关，犁架为两个“人”字架，每座绞关一人操纵，绳中铁环安装犁的曳钩，另有一人扶犁，二人对坐架上，此转则犁来，彼转则犁去。

科技史学家李约瑟是一位伟大的探路者，他的研究引发了 20 世纪西方世界对中国科技乃至中国古代文明的全新解读。他所提出的著名“李约瑟之谜”：为什么在前现代社会中，中国科技遥遥领先，但工业革命却没有发生在中国，到了现代以来，中国的科技水平就落后了，引起社会各界的广泛讨论，答案不一，也许这样的讨论更有助于人们对传统中国农业科技的认识与反思。

第二节 绵泽至今的水利灌溉工程

灌溉是农耕文明发展的重要支撑。由于季风气候影响，中国国内绝大部分地区的农业发展都需要灌溉工程来调节水资源的时空配置。在中华文明 5 000 多年的发展历程中，灌溉工程的建设和运用起到了至关重要的作用。几千年来，勤劳、勇敢、智慧的先民同江河湖海进行了艰苦卓绝的斗争，修建了无数宏伟的水利工程，都江堰、京杭大运河等都在人类文明史中留下了辉煌的印记。这些水利工程不仅规模巨大，而且技术水平卓越，极大地促进了农业生产，不仅造福了当时的农业生产，而且泽被后世，影响深远。2014 年，世界灌溉工程遗产名录设立，四川省通济堰、江苏省兴化垛田、浙江省松阳松古灌区、江西省崇义上堡梯田成功入选 2022 年度（第九批）世界灌溉工程遗产名录，目前中国的世界灌溉工程遗产项目已达 30 处，成为世界上灌溉类型最丰富、工程分布最广泛、灌溉效益最突出的国家。其中一些世界灌溉工程遗产，如湖南新化紫鹊界梯田等，同时也是全球重要农业文化遗产。留存至今的灌溉工程遗产，承载着传统治水技术、经验和智慧，文化内涵十分丰富，有着重要的历史意义和当代价值。

一、治理黄河

原始公社末期，中国农业进入了锄耕阶段，人们逐渐由近山丘陵地区向土地肥沃、交通便利的黄河等大江大河的下游平原地区移居。水既促进了原始农耕的发展，同时也要抵御洪水灾害带来的冲击。这一时期的人口不多，居民点稀少，故而采用了疏导和分流的治水方法。春秋战国时期（公元前770年—前221年），人口增加，社会经济发展繁荣，大禹时代的疏导和分流的治水法已不再适用，于是筑堤防洪的方法应运而生。

汉武帝（公元前141年—前87年）时期，黄河下游频繁决堤，筑堤和堵口成为当时经常性的治河工作。元光三年（公元前132年），黄河决口于瓠子（今河南省濮阳市西南），向东南冲入巨野泽，泛入泗水、淮水，淹及十六郡，灾情严重。汲黯和郑当率10万人前去堵塞，未能成功。直至元封二年（公元前109年），濮阳地区干旱少雨，又逢大河枯水期，汉武帝派遣汲仁和郭昌率数万人堵塞瓠子决口。后又在黄河北侧新开二渠，引导河水北流，结束了黄河长达23年的泛滥之势。

汉成帝建始四年（公元前29年），黄河洪峰骤起，大堤崩溃，致使东郡、平原、千乘、济南4郡32县被淹，最深处积水两丈余，受灾面积达1万多平方千米，摧毁官府民房近4万间，10多万人流离失所，人畜伤亡惨重。王延世受命治水，在馆陶、金堤垒石塞堵洪流。他命工匠制作长四丈、大九围的竹笼，中盛碎石，由两船夹载沉入河中，再以泥石制成河堤，于次年三月初堵住决口。为纪念治黄成功，汉成帝将年号改“建始”五年为“河平”元年。河平三年（公元前26年），黄河决口平原，汉成帝派王延世与丞相杨焉、将作大匠许高、谏大夫马延年共同治理黄河决口，经半年河堤修复，黄河安澜。

西汉末年，在朝廷的倡导下，开展了关于治河理论的辩论。治河专家提出了疏导、筑堤、水力刷沙、滞洪、改道等多种方略。汉成帝绥和二年（公元前7年），水利专家贾让应诏上书，提出治河三策：上策主张不与黄河争地，留足洪水需要的空间，有计划地避开洪水泛滥区进行民众安置；中策主张将防洪与灌溉、航运相结合综合治理；下策是完全靠堤防约束洪水。

王莽改制后，黄河再次决口，并改道由今山东利津入海，泛滥近60年。永平十二年（69年），汉明帝派王景治理黄河，并从全国调集了数十万士兵赴黄河新河道修堤。为加强黄河抗御洪水的能力，王景新建了汴渠水门，使黄河、汴河分流，起到了防洪、航运以及稳定河道的多种效用。这条黄河新道发挥了治黄的重要作用，维持了近千年。直到北宋仁宗景祐元年（1034年），黄河未进行过重大改道，也未发生过特大洪水。

五代至北宋，由于黄河泥沙多年淤积，河床抬高，黄河决堤溢洪现象日渐严重。宋仁宗庆历八年（1048年），河决濮阳，发生改道，黄河向北流经馆陶、临清、武城、武邑、青县等地，至今天津入海。宋高宗建炎二年（1128年），金兵南下，东京留守杜充企图以河水阻挡金军南下，决开黄河南堤，酿成豫东、鲁西、苏北的特大水灾。黄河再次改道，夺泗水、淮水河道，与泗、淮合流入海。

明万历年间（1573—1620年），主管防洪的总理河道潘季驯总结前人经验，提出“束水攻沙”理论用以治理黄河。

这个系统堤防工程由缕堤、遥堤和格堤、月堤组成。其中，缕堤是在主流约束水流，提高流速，便于冲刷河床中积淤的泥沙；遥堤是在缕堤之外，距缕堤二三里，为的是洪水涨过缕堤时，防止洪水四处泛滥，同时，为防止洪水冲坏遥堤，在遥堤上建溢洪坝段。“束水攻沙”在理论上的贡献是杰出的，潘季驯所设计的一系列工程措施发挥了有益的作用，但并未达到刷深河床、解决防洪的目标。

清代靳辅、陈潢延续了潘季驯的筑堤束水、以水攻沙的治河经验并进一步强调筑堤束水、以水攻沙、人力疏导治河方法。靳辅、陈潢延等人经过十余年的努力，堵决口、疏河道、筑堤防，取得了可喜的成绩，筑堤 1 000 余公里。

二、灌溉工程

农田灌溉在中原地区起源很早，《周礼·职方氏》所载的人工灌溉系统由蓄水、输水、分水、灌水、排水等不同功用的各级渠道组成，称作“井田沟洫制度”。春秋战国时期（公元前 770 年—前 221 年）兴建的灌溉工程中有坝引水工程如漳水十二渠和蓄水工程芍陂，无坝引水工程如都江堰和郑国渠，都是这一时期兴建的著名的大型灌溉工程。

春秋时期，楚国安丰城（今安徽省寿县境内）由于东、南、西三面地势较高，北面地势低，向淮河倾斜，每逢夏秋雨季，山洪暴发，频发涝灾；雨少时又常常出现旱灾。楚庄王十七年（公元前 597 年），楚国令尹孙叔敖在这里主持修建了中国著名的蓄水灌溉工程——芍陂。孙叔敖将东面积石山、东南面龙池山和西面六安龙穴山流下来的溪水汇集于低处的芍陂之中，修建五个水门，以石质闸门控制水量，水涨则开门分水，水落则闭门蓄水，避免了水多时洪涝成灾，旱时又能有水灌田。后来，孙叔敖又在芍陂西南开了一道子午渠，上通滑河，扩大芍陂的水源，使芍陂能够灌田万顷。芍陂建成后，安丰一带很快成为楚国的重要粮食产地。

战国时期，魏国邺城（今河北省临漳县西）漳河经常泛滥成灾。魏文侯任命西门豹为邺令，开漳水十二渠，用以灌溉田地。漳水十二渠不但有引灌、洗碱、清淤、泄洪的功能，而且易于维护，反映出当时农田灌溉技术的进步。直到汉朝初年，漳水十二渠仍发挥着灌溉的功效。

秦国在开拓西方和北方的同时，也大力兴建水利，在宁夏平原黄河以东修建了北地东渠（又称秦渠），在河西开凿了北地西渠。今成都平原的都江堰、陕西的郑国渠也都是秦统一六国前兴建的灌溉工程。都江堰位于四川成都平原西部的岷江上游，距成都 112 里①，是秦国蜀郡守李冰于秦昭王五十一年（公元前 256 年）修建的一座大型水利工程，是中国现存的最早且仍在灌溉田地的水利工程，已运作两千多年，灌溉面积达一千多万亩。都江堰渠首工程由宝瓶口引流工程、鱼嘴分流堤、飞沙堰溢洪道三大工程组成，具有灌溉、防洪、放水等多种功能。在都江堰建成之后一年，秦王政元年（公元前 246 年），秦国又在泾水之上兴建了郎国渠。郑国渠西引泾水东注洛水，全长 300 余里，为自流灌溉系

① 里为非法定计量单位，1 里＝500 米。——编者注

统。灌溉着今礼泉、泾阳、三原、高陵、临潦、富平、渭南、蒲城、大荔等地的280多万亩土地。郑国渠开凿以来，由于泥沙淤积，干渠首部逐年增高，以致水流不能入渠，于是人们便在谷口地方不断改变河水入渠处，但谷口以下的干渠渠道始终可以使用。郑国渠用富有肥力的泾河泥水灌溉田地，使淤田压碱，变沼泽盐碱之地为肥美良田，使关中平原沃野千里，一跃成为全国最富庶的地区。郑国渠发挥灌溉效用长达百余年，首开关中引泾灌溉之先河，对后世引泾灌溉产生了深远的影响。

西汉（公元前202年—公元8年）定都长安，关中成为全国的政治、经济中心，同时也是全国人口的中心。为增加当地粮食产量，保障粮食供给，在汉初的几十年里，先后开凿了龙首渠、六辅渠、白渠、成国渠等大批农田水利工程。

龙首渠开凿较早，引洛水灌溉重泉（今蒲城东南）以东10 000多顷盐碱地。由于土质疏松，开凿明渠渠岸极易崩塌，用井渠结构。井渠由地下渠道和竖井两部分组成。前者为行水路线，后者便于挖渠时人员上下、出土和采光。最深竖井有40余丈。因凿渠时挖出许多骨骼化石，故为龙首渠。

汉武帝元鼎六年（公元前111年），六辅渠兴建。六辅渠是六条辅助性渠道的总称，主要用于灌溉郑国渠上游以北高地农田。六辅渠建成后，为了更好地发挥其灌溉作用，汉武帝还颁布了“水令”，是中国记录最早的用水制度。

汉武帝太始二年（公元前95年），白渠动工开凿。渠首也在谷口，渠道在郑国渠南面，向东南经池阳（今泾阳县西北）、高陵、栎阳（今西安市临潼区东北）注入渭水，全长200里，灌溉了郑国渠不及的4 500余顷农田。

汉元帝建昭五年（公元前34年）和平帝元始五年（5年），先后在南阳地区开六座闸门用以灌溉，称六门堰，也称六门堤。其中前三座闸门经穰县城向东北，再折向东南进入新野，全长200里，沿干渠筑陂、堰29处，农田受益面积3万顷。后三座闸门灌溉穰县、新野、朝阳三县土地5 000余顷。西汉末年，六门堤系统失修。东汉光武帝建武七年（32年），南阳太守杜诗修复六门堤，并将陂堰增至31处，农田受益面积4万顷。六门堤系统下通二十九陂，诸陂蓄水相互补充，形成排水、蓄水、灌溉相结合的水利体系。

汉顺帝永和五年（140年），南方会稽地区兴建了鉴湖工程。通过排水筑堤，湿淤之地变为良田。鉴湖工程是长江以南最早的大型塘堰工程，位于今浙江绍兴城南，又名镜湖，筑塘300里，灌田9 000顷。鉴湖是拦蓄山北诸小湖水所形成的东西狭长的水库，堤长一共30里，东起曹娥江，西至西小江，中有南北隔堤将鉴湖分作东西两部，沿湖有放水斗门69座，历代有所增减。由于湖水高于农田，农田又高于江海，因此干旱时开斗门涵洞放湖水灌田；雨涝时排田间水入海或关闭斗门、涵洞拦蓄山溪洪水。

兴修于汉代另一著名的水利灌溉工程是新疆地区的坎儿井。坎儿井又称井渠，由竖井、暗渠、明渠等几部分组成，每条井的长度由一二里到一二十里不等。暗渠是地下渠道，作用是拦截地下水，并将其引出。暗渠每隔一二十米在其上立一竖井，井深从几米到几十米，视含水层深浅而定。每条暗渠的竖井，少则几眼，多则一二百眼，是开凿、修理暗渠时掏挖人员的上下通道，又有出土、通风、采光等作用。吐鲁番和哈密两盆地的坎儿井共 1 000 多条，暗渠的总长度约 5 000 千米，可与中国历史上的万里长城和京杭大运河媲美。

隋唐宋时期，长江流域和珠江流域的经济地位日渐突出，长江中下游成为全国的经济中心。这一时期的重大水利灌溉工程也主要集中于南方地区。圩田是太湖以及长江中下游地区农田的主要灌溉排水形式，到唐朝末年时已有相当规模。圩田是在滨湖和滨江低地兴修的一种水利工程形式，四周围以堤防与外水隔开。其中建有纵横交错的灌排渠道，圩内与圩外水系相通，其间用闸门隔开，以闸控制引水和排水。圩田虽不能抗御大旱大涝，但对一般水旱有较好的抵御效用。南宋时（1127—1279 年），太湖流域圩田分布非常广泛，在今苏州、吴江、常熟、嘉定等县市有 1 500 余处圩田。此外，这一时期，太湖流域还修建了许多对排洪有重要意义的水道，如唐朝的元和塘、孟渎、泰伯渎、汉塘，宋朝的致和塘等。

元代（1271—1368 年）同样重视水利工程。为发展农田水利，设置了“都水监”“河渠司”等水利机构，推动水利建设。明代（1368—1640 年）也十分重视兴修农田水利。据统计，洪武二十八年（1395 年），全国共兴建塘堰 40 987 处，河渠 4 162 处，陂渠堤岸 5 048 处。这一时期农田水利工程主要由地方或民众自办，以小型为主。

明清时期（1368—1912 年）最突出的农田水利工程是宁夏河套灌区的建设。明代时，宁夏是边防要地，国家在此处推行军屯制度。为了发展屯田需要，明军在宁夏平原大兴农田水利，既维修旧渠，又开凿新渠。至明孝宗弘治七年（1494 年），宁夏共凿渠道 300 余里。明世宗嘉靖年间，新渠和旧渠灌田达 13 000 余顷。清康熙、雍正、乾隆三朝，相继在宁夏开凿了大清、惠农、昌润等渠道，与前代河渠——河东的丰润秦渠、汉渠和天水渠，河西的汉延渠、唐来渠、大清渠、惠农渠和昌润渠，卫宁的美利渠和七星渠等，一起被称为“宁夏十大渠”。

元明清三代定都北京，关中的政治地位下降，加之泥沙的淤积严重，灌渠、引水也越来越困难，开始使用泉水和山溪水灌溉田地，汉唐时期的庞大灌溉工程不复见。

三、运河工程

约公元前 1123 年，周太王的长子泰伯将王位继承权让给三弟季历，自己到荆吴（太湖流域）定居后，率领百姓开凿了一条规模可观的运河，人称“泰伯渎”，位于今无锡市东南。春秋时期（公元前 770 年—前 476 年），运河开凿渐多，淮水上游有陈、蔡两国开凿的运河，湖北、安徽境内有楚国开凿的运河，太湖流域和长江、淮河、黄河之间有吴国开凿的运河。

公元前 6 世纪末至公元前 5 世纪初，吴国在太湖流域，在自然河道的基础上开凿了三条运河：其一，胥浦，北起太湖之东，南至杭州湾，是一条为了对越国发动战争而开凿的运河。其二，胥溪，位于太湖之西，是沟通太湖、长江的运河，便于吴国战船向西进入楚国。其三，湖东运河，由太湖之东的吴地（今江苏省苏州市）北上，到今江阴西部与长江汇合，便于吴船经此强扰长江下游的楚地。这三条运河的开凿，不仅促进了区域性的统一，而且还为后来的江南运河奠定了基础。

吴王夫差（？—前473年）为便于向北方运送军队和粮秣，于周敬王三十四年（公元前486年）下令开凿邗沟。邗沟从邗城西南引进长江水，经过城东向北，从陆阳、广武两湖（分别位于今高邮市东部和西部）中间穿过，北注樊梁湖（今高邮市北境），折向东北，连续穿过博芝、射阳两湖（位于兴化、宝应之间），再折向西北，到末口（今淮安市东北）入淮，全长300千米。邗沟凿通后，周敬王三十六年（公元前484年），吴军北上，大败齐军艾陵（今山东泰安南）。此后，为便于进一步进军中原，吴王于周敬王三十八年（公元前482年）下令再开一条运河——荷水。当时，黄、淮之间的东部有济水和泗水两条大河，二者相距不远，若在其间开一条运河，吴国的军队便可以从淮水北溯泗水，再通过运河，循济水直达中原腹地。

战国时，魏国国力盛极一时，魏惠王为称霸中原，于魏惠王九年（公元前361年）将都城由安邑（今山西夏县西北）迁到大梁（今河南开封市），并以大梁为中心，在黄、淮之间开凿大型水利工程——鸿沟。鸿沟沟通了黄、淮两大水系，从黄河的汊道济水引黄河水南下，注于大梁西面的圃田泽，再从圃田泽引水到大梁，再向东延伸经大梁北郭到城东，再折而南下，至今河南沈丘东北与淮水支流颍水汇合。鸿沟从大梁南下，一路沟通了淮河诸多支流，如丹水（汴河上游）、睢水、濊水（今浍水）等。鸿沟水系不仅改善了魏国的水上交通，也促进了魏国农业的发展。鸿沟与丹水、睢水、濊水、颍水等流域是战国后期中国最主要的产粮区之一。

秦始皇二十八年（公元前 219 年），为解决进军岭南的给养问题，开始在湘桂走廊中心的兴安县境内开凿灵渠。灵渠又称兴安运河，全长虽然不到 80 里，是一条小型运河，但因为沟通了长江和珠江两大水系，地位非常重要，不仅在秦代，而且在以后两千多年中，都是内地和岭南的主要交通孔道，对促进南北交流，加快岭南开发，意义都非常重大。灵渠与四川的都江堰、陕西的郑国渠并称为秦国的三大水利工程。

西汉（公元前 202 年—公元 8 年）为保障京畿地区的粮食供给，除兴修水利，大力发展农业生产外，还不断改善水运条件，便利外粮入京。当时，渭水虽也能运粮，但水道多沙、水浅、弯多，运输能力不高。元光六年（公元前 129 年），汉武帝下令开凿漕渠。漕渠渠首位于首都长安城西北，引渭水为水源，经长安城南向东，与渭水平行，沿途接纳泬水（皂河）、浐水、灞水，以增加漕渠的水量。漕渠穿过霸陵（今西安市东北）、新丰（今西安临潼区东北）、郑县（今华县）、华阳（今华阳县东南）等县，到渭水口附近与黄河汇合，全长 300 余里，历时三年完工。漕渠的通航能力很高，是西汉中后期东粮西运的主要渠道，年运输量在 400 万石左右，最高年份达到 600 万石，约为渭水运量的 10 倍。

西汉初期开凿的漕渠，从东汉起，经魏晋南北朝，年久失修，至隋代已无法使用。开皇元年（581 年），隋文帝命大将郭衍为开漕渠大监，开凿新渠富民渠，引渭水经大兴城（长安城）北，东至潼关。开皇四年（584 年），隋文帝下令再次动工，对富民渠进行拓宽、加深改建。新渠名曰广通渠，全长 300 余里，运力得到显著提高。隋炀帝继位后，下诏营建东都洛阳，并以东都为中心开凿通向江淮、河北等地的大运河。大业元年（605 年），隋炀帝下令开凿通济渠。通济渠分西、中、东三段，西段以东都洛阳为起点，以洛水及其支流谷水为水源，在旧有渠道阳渠和自然水道洛水的基础上扩展而成，到洛口与黄河汇合；中段以黄河之滨的板渚（今河南荥阳西部）为起点，引黄河水作水源，向东到浚仪（今河南开封市），为原汴渠上游；东段在浚仪以下与汴渠分流，东南走向，经宋城（今河南商丘市南）、永城、夏丘（今安徽泗县）等地到盱眙注入淮水，该段为新凿渠。通济渠在此后与邗沟一起成为黄河、淮河、长江三大流域的交通大动脉。为联通涿郡（今北京市），用兵辽东，大业四年（608 年）隋炀帝下诏开凿永济渠，引沁水南达黄河，北通涿郡。以洛阳为中心，联通南北的隋唐大运河由此建成。

北宋（960—1127 年）时，为进一步密切京师与全国各地经济、政治的联系，修建并形成了新的运河体系。新运河体系以汴河为核心，包括广济河、金水河、惠民河，合称汴京四渠。通过四渠，向南沟通了淮水、扬楚运河、长江、江南河等，向北沟通了济水、黄河、卫河（永济渠）。

元明清三代（1271—1911 年），北京成为全国的政治中心，而经济重心则在南方。元代初年，曾试图通过海运联系南北，但因航海技术水平有限，海运风险非常大。在大科学家郭守敬的论证和主持下，至元十八年（1281 年）开任城（今济宁市）至须城（今东平县）安山的济州河，至元二十六年（1289 年）开寿张至临清的会通河，至元二十九年（1292 年）开大都城至通州的通惠河。到至元三十年（1293 年），南接江淮运河，跨越海河、黄河、淮河、长江和钱塘江五大水系的大运河全线通航。此后，明代对大运河的关键河段会通河进行了治理。明后期到清朝前期还在山东微山湖的夏镇（今微山县）至清江浦（今淮安市）间，进行了黄运分离的开泇口运河、通济新河、中河等运河工程，并在江淮之间开挖月河，实现了河运分离，使航船完全摆脱湖区航道和黄河的干扰，保证了运河的稳定航行。

京杭大运河按地理位置分为七段：北京到通州为通惠河，长 82 公里；通州到天津为北运河，长 186 公里；天津到临清为南运河，长 400 公里；临清到台儿庄为鲁运河，长约 500 公里；邳州到淮安为中运河，长 186 公里；淮安到瓜洲为里运河，长约 180 公里；镇江到杭州为江南运河，长约 330 公里。

四、海塘工程

中国江浙沿海地区自古就有潮灾，海塘工程的建设也出现较早。秦始皇三十七年（公元前 210 年），设钱唐县，治所在今杭州灵隐山脚。古代“唐”“塘”通用，即堤。以钱唐为县名，表明当时已有海塘。《水经注·浙江水》转引《钱塘记》中的记载说，钱唐县东 1 里左右，有防海大塘，名曰钱塘。

东晋咸和年间（326—334 年），吴内史虞潭在长江三角洲前沿修建海塘，是中国有确切记载的最早的海塘建筑。隋唐时，在钱塘江北岸到长江南岸建成了一条长 124 里的捍海塘，南起盐官（今浙江海宁），经平湖、金山、华亭（今上海市松江区）、奉贤、南汇，北至吴淞江口。唐代宗大历年间（766—779 年），淮南黜陟使李承在苏北修筑了一条南起通州（今南通市），北至盐城，长 142 里的捍海堤，名曰常丰堰。在海州也修筑了一条长 7 里的永安堤。

自秦汉到隋唐，中国海塘多为土塘，或是在海岸附近夯筑泥土为塘，或是用版筑法建造。五代后梁时，杭州候潮门外和通江门外曾修筑石囤塘。但直至宋代，中国才出现真正意义上的石塘。宋仁宗景祐三年（1036 年），在杭州钱塘江岸用条石修建了一条几十里的壁立式石塘。庆历四年（1044 年），转运使田瑜等人在杭州东面的钱塘江岸建成了两千多丈且底宽顶窄的新石塘。天圣元年（1023 年），在泰州西溪盐官范仲淹和转运使张纶主持下，修筑了南起通州，中经东台、盐城，北至大丰市，全长 180 里，世称“范公堤”的石塘。此后，海门知县沈起又将范公堤向南伸展 70 里，世称“沈公堤”。

南宋（1127—1279 年）在海塘建设方面也取得了较大成就。宁宗嘉定十五年（1222 年），浙西提举刘垕创立了土备塘和备塘河，即在石塘内侧不远处再挖一条河道，叫备塘河。将挖出的土在河的内侧又筑一条土塘，世称土备塘。备塘河和土备塘不但可拦一般的海潮，还可起到防止土地盐碱化效用。

元代在杭州湾两岸都进行了大规模的石塘修建。在杭州湾北岸修了一条南起海盐、北到松江的长达 150 里的石塘，在南岸的余姚、上虞一带修建了一条 4 000 余丈的石塘，并对苏北“范公堤”“沈公堤”作了维修和扩展，使两堤的长度延伸至 300 里以上。

明清时期，江浙一带的海塘工程规模也很大。浙江海塘方面，明代在海盐、平湖地段修筑了 21 次，至明末已基本改成石塘。海宁地段土质为粉砂土，由于强潮侵袭，加之当时技术限制，仅在部分地区修建了石塘。直到清代中期通过“鱼鳞塘”的修塘方法实现了石塘改筑。江苏海塘方面，松江、宝山、太仓等地海塘，在明清时期的重修有 30 余次。崇祯七年（1634 年），在松江华亭建了江苏最早的石塘。太仓、宝山的海塘也在清末增修。与浙江海塘相比，江苏海塘多是较矮小的土塘，即使是石塘，也比较单薄。技术方面，江苏海塘的修筑原则是“保塘必先保滩”，重视护岸工程在消能、防冲、保滩促淤等方面的作用，以加强塘堤本身，是一种积极的护岸思想。这种措施对节省筑塘经费具有重要的意义。

第三节　追求永续发展的生态实践

美国在不到百年的时间内就穷尽了地力，而中国农耕历经四千余年，土壤依旧肥沃，且养活了数倍于美国的人口。原因何在？20 世纪初，美国的农学家富兰克林·H. 金

(F. H. King) 前往中国、朝鲜和日本等三个东亚国家考察农业，回国后写了一本经典名著《四千年农夫》。他此行的目的在于解决这样的疑问："我们渴望了解经过二千年或三千年甚或也许四千年之久的今天，怎么使得土壤生产足够的粮食来养活这三个国家稠密的人口成为可能。"他的结论在于中国形成了可持续发展的永续农业，并认定：东方农耕是世界上最优秀的农业，东方农民是勤劳智慧的生物学家。如果向全人类推广东亚的可持续农业经验，那么各国人民的生活将更加富足。纵观中国古籍，从先秦时期的《诗经》到清代的《授时通考》，重视可持续发展、关注农业生态的思想始终贯穿于中国古代的农学理论和农业生产实践。天人合一，循环利用以低能消耗，用养结合以地力常新等，都是中国古代生态农业的精髓。

一、"三才"理论：中国古代生态农业的基本思想

"三才"思想是《易经》的一个重要组成部分，可以说与太极思想、阴阳思想具有同等的重要性，是构成《易经》思想体系的三块基石之一。这种思想有着悠久的历史，它萌芽于夏商以前，形成于周秦之际，到两汉时期才成为相对完整的思想体系。这种思想认为我们所生存的宇宙时空是由天、地、人三种材料共同构成。先有天地，后有万物，人居于天地万物之中，同时天、地、人也是万物之一。同时，这种哲学思想与传统农业实践活动相互促进和影响，形成了中国古代特有的强调在农业生产中实现天时、地利、人和三者和谐统一的传统农学。古人认为，只有实现天、地、人宇宙

系统的和谐统一，天下才能太平，人类才能安乐，农业生产才能风调雨顺、丰衣足食。

这种生态农业思想形成于两千多年前的春秋战国时期(公元前 770 年—前 221 年)，很多流传至今的古书都记载了这样的观点。同时，中国众多古农书无不以“三才”理论为其立论依据。可以说，农业生产自始至终都离不开天、地、人等因素，中国古代农学正是通过不断的长期实践，在逐步加深对上述因素认识的过程中逐渐建立和发展起来的。对“天”的认识逐渐积累和发展了农时学和农业气象学的知识和理论，对“地”的认识逐渐积累和发展了农业土壤学的知识和理论。正因为“三才”理论是在长期农业实践中对天地人等因素认识的升华和结晶，又反过来成为传统农学和精耕细作技术体系的指导思想。它把农业生产看作各种因素相互联系的、变动的整体，其中包含的整体观、联系观、动态观，贯穿于中国传统农学和农艺的各个方面，并把有关的技术原则和学科知识结合成为一个颇为完整的知识体系。

二、“三宜”原则：中国古代生态农业的环境原理

在了解“天时”“地利”等自然规律的同时，古人们也十分重视对农业生物生长发育相关规律的观察，进而产生了“时宜”“地宜”“物宜”的“三宜”原则。在中国古代农业生产中，“三宜”原则贯穿于农事活动的始终。如因时、因地、因物制宜，采取机动灵活、精雕细琢的耕作方法，是中国古代土壤耕作的优良传统之一。因土耕作方面的具体经验

是：因土质，定时宜；因土质，定耕法；因地势，定耕法；因地势，定深浅。因时耕作的主要经验有：因时宜，定耕法；因时宜，定深浅；因时宜，定早晚。因物耕作方面的经验则是：因作物，定时宜；因作物，定深浅；因作物，定耕法。上述在土壤耕作上的灵活性，乃是对自然条件的复杂性和作物特性多样的适应，目的在于采取多种方法和机动灵活的耕作措施，以更好地实现精耕细作，调养土壤。

18世纪，清代农学家杨屾在《知本提纲》中以陕西关中等地农业经验为据，提出了施肥要注意时宜、土宜和物宜。纵观中国古代历史，古代在农业生产过程中，为了提高其产量，贯彻“三宜”原则，成为农业生产当中必须遵循的原则。在长期的精耕细作农耕生产中，人对自然的认识愈发深入，人和自然愈发和谐，自然为人类提供了生存基础。古代在农业生产当中，为了满足作物的肥水等需求，产生了施肥、灌溉等措施，尊重和爱护自然，不违农时，做到“因时制宜”“因地制宜”“因物制宜”。

中国传统农业所蕴含的因时、因地、因物制宜的“三宜”思想，主要表现在三个方面：第一是把农业与气候条件相结合，形成农时知识和月令文化体系；第二是将农业与土地、土壤条件相联系，形成地宜或土宜知识；第三是把农业与动植物不同性状及区域分布相联系，形成物宜知识和风土论等。可以说，“三宜”原则是“三才”理论与农业生产实践相结合的产物。

因时制宜就是要处理好农业与天时要素之间的关系，合理利用自然资源，保证农业生产活动的正常进行。实际上，与农业生产联系最直接的是时间与节气。在古代，人们基本上是生活在按照自然节律和农业生产周期而安排的时间框架之中。夏代（约公元前 2070 年—约公元前 1600 年）的历日制度《夏小正》中，已把天象、物候、气象和相应的农事活动列在一起便于民间掌握。后来，又把一年分为二十四节气，人们依节气安排农事活动。直到今天，节气依然是人们开展农业生产活动的依据。因此，顺天应时是几千年人们恪守的准则，“不违农时”是世代农民心中的“圣经”。

中华祖先在农事活动中很早就懂得了“取宜”的原则，周代农耕文化中的“相地之宜”“相其阴阳”理念，就是“取宜”的实践经验总结，在指导人们认识自然和从事农业生产中发挥了重大作用。据《周礼·地官》记载，大司徒的职责之一就是负责调查山林、川泽、丘陵、坟衍、原隰五类土地所适宜生长的动植物。而《管子·地员》已揭示出，在不同的环境条件下，特定土壤会生长特定植被，彼此依存，形成特有的生态系统。李约瑟博士评价道：“土壤学连同生态学和植物地理学，确实都好像发源在中国。”

古代文献中的“物性”“物情”“天性”，一般是指动植物的生物学特性。古人已经认识到物性体现在各个方面，包括动植物的遗传性、变异性和生长发育的阶段性等。汉代《论衡·物势篇》中认为生物种类的性状可以遗传。《周易·未济·象传》中有辨别生物的遗传特性，并按照这些特性为它们创造适宜的生长条件，实行因物因地种植的说法。

三、精耕细作：中国古代农业遗产

精耕细作是中国传统农业的基本特征之一，是古代中国农业强大生命力的来源。“精耕细作”，人们在谈论中国古代农业发展历程时经常使用。但在古书中只有“深耕疾耨”“深耕熟耘”等提法，这虽是精耕细作内容之一，但并不等同于精耕细作。精耕细作一词直至新中国成立前后，才开始广泛地被人们使用。所以，它是现代人对中国传统农业精华的高度提炼。它以“三才”理论为其指导思想，以集约的土地利用方式为基础，包括改善农业环境和提高农业生物生产能力的一系列技术措施。农史专家闵宗殿先生认为：“精耕细作生态农艺是中国古代的一大发明，在古代的农业生产中独领风骚。”

就经济层面而言，“精耕细作”不是一项单项技术，而是由一系列技术措施组成，既提高单位面积的粮食产量，又极可能保持生态平衡，做到对土地的永续利用。其内涵包括土地利用和土壤改良、作物栽培、掌握农时、积肥施肥、选种育种、防治害虫等方面，并互相配合，为农业生产提供气、热、水、肥、土、种等方面的条件。在中国的实践中，不管遇到什么样的困难挫折，精耕细作传统始终没有中断过，也正是它成为农业生产和整个社会经济在困难中复苏的重要契机。北魏时期，黄河流域的农业生产在长期的战争和动荡中遭受严重破坏，此时出现了《齐民要术》；元统一后，长期动荡造成的衰败农业再一次面临振兴，此时出现了《农桑辑要》和《王祯农书》。这并非偶然的巧合——一方面说明精耕细作传统延绵不断，另一方面人们自觉或不自觉地把发扬精耕细作传统作为克服困难、振兴经济的重要手段。中国的精耕细作农业，是以精耕、细作、良种、重肥等综合措施和高土地利用率为手段，以提高单位面积产量为主攻方向的劳动集约型农业。无论从农艺方面或产量方面都达到世界古代农业的最高水平。史书记载，西汉时（公元前 202 年—公元 8 年），赵过推行“代田法”，实行垄与沟轮换耕种，这样使土地每年都得到充分利用，又可以使地力得到恢复。一块田连续播种而田内轮休，这是中国农业的一大特色。英国推行垄作是在 17 世纪的“农业革命”时期，比中国晚两千多年。为了保持地力、增加产量，战国时农民就用肥汁拌种，同时施用粪肥、绿肥和草木灰。施肥技术也是中国特色。用地与养地结合，使“地力常新”。西欧到 10 世纪某些庄园才懂得施肥，晚于中国 1 200 年。农史专家李根蟠先生也认为：“精耕细作”不但是中国传统农业的特征，而且成为中国历史发展的一个“基因”，在中国传统文化中打下深深的烙印，支撑了中华文明没有中断过的发展，促进了中国古代经济发展，为中国历史上人口的增长提供了动力和基础。

精耕细作提高了土地的生产能力，使单位面积土地可能养活更多的人口，这就为人口较快的增长提供了物质条件。在精耕细作形成的战国时代，粮食亩产多已到达二石，比西周亩产一石或一石多增长 60%～100%。据《齐民要术》记载，中国 6 世纪粟的收获量为播种量的 24～200 倍，麦类则为 44～200 倍。王家范先生估算的数字是：战国时粟的亩产量大约为今天的 80 斤，西汉时提高到 93 斤，高产田能达到

117 斤。唐宋时，粮食一般亩产大约达到 200 多斤，明清大约达到 400 多斤，高产田能达到 500 多斤。而 1938 年陕西一省的统计，粟的平均亩产也只有 115 斤，1949 年为 130 斤。另据吴慧先生估算，西汉末粮食亩产达到 264 斤，明清时能到达 367 斤。

中国历史上人口增长的三个台阶，与精耕细作农业发展的阶段大致吻合的。中国历史上第一个人口增长较快的时期是在精耕细作形成以后的战国秦汉时代，在籍人口最多时达五千多万。中唐以后，经济重心南移，南方水田精耕细作体系形成；到了宋代，中国人口进入又一个增长较快的而且是长期趋势增长的时期，人口超过了一亿。清代，中国人口长期趋势的增长进入了一个新的阶段，鸦片战争前夕人口已突破四亿；这当然有赖于国家统一、社会长期稳定等条件，但其基础仍然是农业的发展，尤其是明代以来精耕细作在广度和深度上的扩展。

四、桑基鱼塘：中国古代生态农业的生产实践

在“三才”理论和“三宜”原则的指导下，中国古人很早就开始进行循环生态农业的生产实践。其中，以分布于长三角、珠三角地区的“桑基鱼塘”为典型代表。

宋代农学家陈旉（1076—1156 年）在《农书》中曾提到一项奇特的土地利用技术，主张根据田地的地势，把水所汇集的低地凿为陂塘，而把挖出的泥土放在高田上，高田上面可种植桑柘，还可以在其上放牛，这样牛不但在阴凉中得到休息，而且还可以通过践踏土地使得高田上的泥土变得更

结实，以保护耕地。这种土地利用方式虽然由于开凿陂塘会损失一定的低地，但桑树却因为得到牛粪的滋润而生长得更加沃美，同时在桑柘干旱时可以得到陂塘里的水来灌溉，雨潦时陂塘可以储蓄多余的雨水，不至于因水的弥漫而伤害到高田里的庄稼，达到旱涝无虞。

明清时期（1368—1912 年），中国人口数量急剧增长，如何进一步提高土地利用率、收获更多粮食，成为当时人们最关注的问题。在这一背景下，基塘农业得到了进一步发展。陈旉时代的基塘，还没关注到牧牛与在陂塘养鱼的关系，但后来人们逐渐注意到把种桑养蚕、放牧牛猪与开塘养鱼有机地结合起来，由此便形成了立体生态农业的最早雏形。明代李诩的《戒庵老人漫笔》记载，明代中叶，吴江有个名叫谈参的人，世代农耕为业。他非常精明，善于经营，以低廉的价格买下他人抛弃的洼芜湖地，雇人将低洼的地方挖成陂塘，用来养鱼，而把挖出来的泥土堆为高地，用来耕种，产值比原来的土地高出 3 倍。在鱼塘上面建造畜舍，用来养猪，猪的排泄物直接当作鱼的食物。同时在田塍的高处种植果树，在低处种植蔬菜，都可以卖个好价钱。这种土地密集利用方式产生了一举数得的效果，形成了蚕丝、生猪、鱼和瓜果、蔬菜共生的立体循环农业。通过这种土地经营方式，谈参也逐渐成为远近闻名的富农。

谈参的做法良好地利用了生态的各个环节，取得了用力少而见功多的效果。明末农学家徐光启在谈到养鱼时也有相似的主张，他认为可以在鱼塘上修筑羊圈，以羊粪饲养草鱼，而草鱼的粪便又可以饲养鲢鱼，以达到节省人力打草的效果。谈参的方法得到了很多当地乡民的效仿，这种农业经营方式很快就在低洼多涝的太湖流域及珠江三角洲得到广泛推广。

此外，中国古人还根据当地的实际情况，对谈参的经营方式做了进一步的变通。例如，在太湖地区又出现了三种不同的经营方式：有以农副产品养猪，以猪粪肥田、饲鱼，形成田猪、猪鱼互养；有以青草、桑叶养羊，以羊粪壅桑；有以鱼塘辅以种桑、种果、种蔗、种菜等，形成所谓的“桑基鱼塘”“果基鱼塘”“蔗基鱼塘”“菜基鱼塘”的景象。

在珠江三角洲地区，据《广东新语》记载，明代中期以后，广州一带出现了在基塘上种植果树的现象，后来在国际贸易对生丝需求日益增大的情况下，又出现了以种桑代替种果树的趋势，即后来最为著名的桑基鱼塘农业模式。其具体做法是：将低洼的地挖深，使其变为水塘，用挖出来的泥作为水塘的地基，大致保持六分为基、四分为塘的比例。在基上种桑，在水塘里养鱼，用基上桑树产的桑叶来喂蚕，蚕屎用来养鱼，通过这种循环的利用，取得了“两利俱全，十倍禾稼”的经济效益。

“桑基鱼塘”是中国南方水乡人民对当地水陆资源、动植物资源的一种独特的创造性利用，也是中国建立完整的人工生态农业的典型代表。它不仅可以充分利用水面养鱼以增加收入，同时消除了洪水内涝的威胁，适应了当地地势低洼、降水充沛、河道密布、水潦频仍的自然环境特点。

第四章　中国农耕文明的制度保障

在漫长的岁月中，中华民族形成了完备而成熟的农业制度，这既是中国农业的宝贵财富，也是传统文化的重要组成部分。农业经济的稳定直接影响到国家的稳定，历代统治者无不采取了以农为本的立国方针。在中国古代农业制度发展史中，以重农主义、土地赋役制度、防灾救灾体系为核心的农业制度，构成了中国农耕文明制度的核心，勾勒出中华民族绵延不绝的历史图谱。

第一节　亘古不变的重农思想

洪范八政，食为政首。历朝统治者把农业作为经济第一来源、国计民生之本、政权稳固之基，积极通过建章立制来实现农业优先发展。具体而言，重农政策包括：设置农官、督导农桑、颁行农书、指导耕作、开垦耕地、兴修水利、管教社众，兴办教育、赈救灾害、蠲免赋役、守在仓廪、以平粮价以及配套制度与措施。

一、设置农官，督导农桑

农业不仅关乎人民生活，也关乎政权的兴衰成败。有鉴于此，历代统治者无不把劝农作为一项重要的任务，由此而形成了中国古代历史上的劝农制度。陶渊明（约365—427年）在《劝农》中描写出古代农业生产的繁荣景象和劳作者勤苦而自逸的生活。劝农制度创始于西周（公元前1046年—前771年），周代帝王在每年的孟春之月，都要举行“藉田”仪式向上天“祈谷”。王后也率领嫔妃采桑饲蚕。战国时，魏国的李悝（公元前455—前395年）作“尽地力之教”，教谕农民勤勉耕作，掌握农时。同时，政府对于农业的组织管理很重视，设置官吏管理农桑，并将劝课农桑的成效作为考核各官员政绩的重要内容。罗振玉在《农事私议》中说：“三代农官之可考者，以周为详尽。”商周时，国家机构渐趋完备，专设农官以司其职，见诸文献、文物记载的有籍臣、农正、司民、田畯等。

秦汉之前，农官的职责是农事活动安排，劝导和教育人们按农事季节，因此当时农官地位较低。秦汉时期（公元前221年—公元220年），大司农以“农”为名，负有安抚农民、开垦公田以及劝助农业等任务，是当时国家管理农业的最高行政长官。《汉书·食货志》记载，汉武帝（公元前141年—前87年）曾任命农业专家赵过主持粮食生产，推广“代田法”，即以宽一步（六尺）、长百步的一亩地为例，纵分田地为三甽三垄。甽深一尺，宽一尺；垄台垒土高出地面，也是宽一尺。种子播于甽中。苗长高时，不断挖拨垄土培固甽中之苗根部，使之根耐旱抗风。第二年，甽、垄互换其位用以调节地力，这大概是中国古代最早由政府官员组织的农业技术的改良和推广活动。著名的历史学家吕思勉先生在其著述的《秦汉史》中指出："农业之进步，在于耕作之日精。此在汉世，见称者无过代田。"在南昌汉代海昏侯国遗址出土的文物中有"昌邑籍田"铜鼎，这是中国首次发现记载西汉时期诸侯王国"籍田"礼仪的实物资料，也是古代重视农业，以农为本的生动例证。

二、颁行农书，指导耕作

农业是中华古文明存在和发展的物质基础，在中国古代文化中，农书肩负着传承古代农耕文明、弘扬传统农业文化的重要任务。历朝历代，上至官府，下至平民，都十分重视农业生产技术经验的总结和推广。农业技术一方面通过实践者的口口相传，另一方面则是通过农书进行传承。如果以时间来讲，早在二千多年以前的先秦时代，中国已出现了农业专著。如果按地区来讲，从塞北到岭南，从西域到东海，江南的"水稻篇"，淮北的《牡丹谱》，浙江的《橘录》，福建的"茶书"，都有适合于当地风土时令的农业记载和书籍。

中国的古农书大体可分为综合性农书和专业性农书两大类。前者如《齐民要术》《农桑辑要》《王祯农书》《农桑衣食撮要》《农政全书》《授时通考》等；后者如《耒耜经》《茶经》《司牧安骥集》《烟草谱》《木棉谱》《金薯传习录》等。综合性农书从体裁看，有按生产项目编排的知识大全类农书，有按季节编排的农家月令类农书，也有兼具两者特点的通书类农书；从内容所涉及范围看，有全国性大型农书，有地方性小型农书。专业性农书最早出现在相畜、兽医和养鱼等方面，晋、唐以后逐步扩展到花卉、农器、植茶、养蚕、果树等方面。

中国农书保存了中国传统农学和农业经济等方面的珍贵资料，是中国古代科学文化遗产的重要组成部分。农书中凝练的思想广大而博深，对中华民族坚忍不拔、崇尚和谐、顺应自然、因地制宜、勇于创新等优良品质的养成起到了重要作用，是中华民族绵延不绝、生生不息，不断发展壮大的精神厚土。其中，蕴含最重要的思想是植根于对农业的高度重视，以农为本的重农思想已深入中国人的骨髓。这种思想不仅深深地影响了中国农业的发展，更是在世界范围产生了深刻影响。特别是法国重农学派的起源就跟中国的重农思想有着极为密切的关系。魁奈、杜尔阁等重农学派的重要代表人物，无论是其文化背景、思想体系本身，还是自然秩序学说、自由放任观念、重农理论、赋税思想等都吸取了中国传统重农思想的积极因素。魁奈也曾通过他人劝说当时的法国国王路易十五于1756年举行了一场模仿中国西周的“藉田”大礼。而中国周边的日本、越南以及朝鲜半岛等更是受到了中国重农思想的深刻影响。

三、教民稼穑，兴办教育

考古资料证明，早在7 000多年前新石器时代的早期，祖先就在华夏大地上耕耘播种，辛勤劳作。所谓伏羲教民佃渔畜牧，神农教民耕作，嫘祖教民育蚕，后稷教民稼穑，羲和授民以时等传说，就是反映了作物种植和畜禽饲养经验的积累与传承，这些充分说明华夏祖先从狩猎、采集，到原始农业生产，就相互传授经验，进行农业生产知识的交流和传播，开始了中国古代的农业教育。伴随着社会生产力的发展而逐步丰富，也促使了农业教育在历史的发展脉络中不断提升和完善。春秋战国时期（公元前 770 年—前 221 年），土地逐渐私有化，小农经济成为当时各国的立国基础，战国时代的农本观念随之确立。经济繁荣使得一些农学家开办私学。带领学生从事农业生产实践活动。到了秦汉时期，史书记载，汉武帝为推广新耕作法，曾命令地方官员挑选有技巧的手工业者制造巧便“耕耘下种”的新田器，要全国各地派遣县令、三老、力田等到京师来学习新的耕作方法和改良农具，学成后再向百姓推广。此外，任命赵过为搜粟都尉，总结出一种适合旱地耕作的代田法，制作三脚耧车，在关中地区和西北边郡加以推广。因耕牛缺乏，教民挽犁共耕。赵过总结劳动人民的生产经验，推广耦犁、推行代田法等，为中国早期的农业生产做出了巨大的贡献，这可以说是古代农业科技教育史上“设官教民”的典型实例，说明此时中国已初步建立由官府领导的农业示范、培训、推广新技术和优良品种的农业教育体系。唐宋时期，是古代农业教育发展的鼎盛时期。《新唐书·百官志》记载，武后光宅元年（684 年），掌皇帝舆马与马政的太仆寺设兽医博士 4 人，教授生徒百人。博士采用推举和选择相结合的方法，将有威信的博学多识的兽医选拔到中央教授学生。乾元元年（758 年），日本兽医平仲国等来中国留学，设兽医学校并招收日本留学生。

开成元年（836年），李石编著《司牧安骥集》，对兽医理论和诊疗技术有较系统的论述，是中国最早的一本兽医教科书。这说明，中国的兽医学校比欧洲最早建立的巴黎兽医学校（1762年）和奥地利维也纳兽医学校（1763年）早近1 000年。元世祖至元年间（1264—1294年），政府创办“社学”，择经书者为师、年高晓农事者为社长，专以教劝农桑为事，是中国古代兼有文化教育和农业教育的学校，比欧洲1729年在苏格兰开办的农业学校早了400余年。清代末期，中国近代农业教育开始发端。1897年，杭州知府林迪臣创设浙江蚕学馆，为中国近代农业教育之滥觞。其后湖北、江苏等相继设立农务、茶务、蚕桑等学堂。1902年，清廷颁布《钦定学堂章程》，将农业学堂作为实业学堂之一列入正轨学制系统。之后，各省相继设立高等、中等、初等农业学堂，如京师大学堂农科大学（1905年）等。截至1909年，全国共有高等农业学堂5所，中等农业学堂31所，初等农业学堂59所。

纵观中国古代农业教育发展史，教育的形式包括了政府主导下的惠农政策的颁布，劝农活动的推动，以及通过建立从中央到地方的农业专职官员，并开设相关组织来进行农业教育。历代统治者通过各种劝农措施提升农业地位，普及农业知识，推广农业技术，这也使得古代农业教育在历史演进中呈现出农业教育的内容与生产实际紧密相连的明显特征。在此过程中，由于农业发展需要而形成的丰富多样的农业典籍，也成为中国古代农业职业教育内容选择的蓝本。同时，古代的统治者对于发展农业的重视，使得农业教育的实施方法呈现出了多元性特征。其中，有问答教学，即学习者与教授者或传承者通过问答的形式来进行农业知识和技术的学习，如贾思勰在《齐民要术》的编写过程中，便是通过访问有经验的农民，继而通过整理、记录在册，以此来促使农业生产技术的传承。有示范教育，如在推广代田法时，先是在试验田通过示范，继而对比新法和旧法在产量方面的差异，从而获得人们的认可。有图像教育，如明清之际，安徽人方观承编著的《木棉图说》，该书包含有 16 幅图画并配有阐释，以此系统介绍了从种棉到织布的全过程。

第二节　土地政策与赋役制度

土地作为农业生产的基础要素，在中国古代先民心目中具有不可替代的特殊地位。因而，土地对农业生产的重要性很早已经成为历代政权的一项共识，并孕育出一系列开发、分配土地资源的政治智慧。根据麦迪森《世界经济千年史》的估计，1820 年中国用世界 7%左右的耕地，承载了世界总人口的 36.6%，足以证明中国传统社会对土地资源配置的高效性。

一、井田与均田

从井田到均田，公私交错、此消彼长的土地制度贯穿了五千多年。自夏商周时期（公元前 2070—前 256 年）国家作为政治力量开始发挥作用以来，政府都有自上而下的土地制度安排。随着农业技术的提升，进行联合或集体生产的重要性开始削弱，个体独立经营成为农业发展的主流，开发土地和抑制兼并成为两条并行不悖的治理目标。国家一方面参与土地的开发与分配，积极培育作为税源的自耕农；另一方面又限制土地买卖和土地兼并，阻断大地主土地私有制的发展，这种“公田”与“私田”的双相交织博弈与演化构成了秦汉至唐中后期土地制度的发展史。两千多年内，经历了以国有制为主导的井田制（把土地分隔成方块，形状像“井”字，井田归周天子所有，并由农民耕种的制度）、授田制（国家直接向农民给予田地的使用权）和私有制性质相对浓厚的度田制（依照田亩的数量征收赋税的制度）、屯田制（利用士兵和无地农民垦种荒地的制度）、占田制（允许农民在规定亩数内占垦荒地的制度），不断相互更迭之后，均田制作为最后的登台者，以一种近乎乌托邦的理想模式获得了绝大部分统治者的青睐，直至清末再也没有发生较大变化。

严格来说，均田制产生于魏晋南北朝时期（220—589年），是一种按人口进行土地分配的制度，最初的目的是挽回因战乱而损失的税源。唐朝在继承前代的基础上，结合自身的国家治理目标继续将其发扬光大。唐朝建立的第 7 年，唐高祖就颁布了均田令：“丁及男年十八以上者，人一顷，其八十亩为口分，二十亩为永业；老及笃疾、废疾者，人四十亩，寡妻妾三十亩，当户者增二十亩，皆以二十亩为永业，其余为口分。”可以看出，要想顺利实施这种制度，必须具备几项条件：一是国家拥有足够对所有人进行分配的土地所有权；二是需要掌握全体国民的翔实户籍信息；三是必须建立高效的行政体系以保证土地能够如数发放到农户，而这在中国传统社会几乎是不可能完成的。因此，以邓广铭先生为代表的中国学者普遍认为“唐初所公布的所谓均田令，自始就不曾认真推行过。其在下令之后所确曾做过的工作，只是把全国各地民户私有的土地一律更换其名称……实际上还应算是一种具文，在其时社会经济的发展上是不曾起过任何作用的”。但是，均田制的实行仍旧为大唐开创了经济发展的黄金时代，从唐初的“田亩荒废”到开元（713 年 12 月—741 年 12 月）、天宝年间（742 年正月—756 年七月）的“四方丰稔”，成为贞观之治、开元盛世产生的制度基础之一。

两权分离下的租佃关系普遍化对农业生产和社会关系调整产生了长时段的影响。均田制下的授田有口分田和永业田两种，其中口分田在本人亡故后要上交国家，纳入再分配范围，而永业田可世代继承。随着劳动人口的增加，个体经营者开始要求扩大农业生产的规模，受土地数量限制，以均田制为主体的土地制度更多地作为一种治理思路而不是政策制度加以贯彻执行。到宋代，土地兼并已经成为一种社会普遍现象，“私田”逐步占据主导地位，土地占有更多地从政治权力转向经济权力的分配，以所有权与使用权相分离为主要特点的租佃制开始成为维系地主与农民之间关系的桥梁。经过一系列关于减租减息的努力和斗争后，明清时期土地产权之间的分割出现进一步发展，衍生出能够获得永久租佃土地使用权的永佃制形式，农业生产积极性得到提高。

二、赋税与徭役

中国古代的赋役制度经历了从赋役并重到赋重于役，再到役并入赋，直至与土地制度分道扬镳的历史演变过程。

中国古代税收起源可以上溯到夏商实行的贡、助、彻制。“贡赋”一语最早见于记载大禹治水的古代文献《尚书·禹贡》。这些材料反映了古代赋税产生于夏代（约公元前 2070 年—约公元前 1600 年）这一基本事实。商周时期的田赋是以井田制为基础，国家将土地授予百姓耕种，百姓则向国家交纳相关的劳役税和实物税。到西周末年，随着井田制的瓦解和私有土地制度的产生，旧的田赋制度也随着瓦解，为新的田赋制度所代替。周庄王十二年（公元前 685 年），春秋时期政治家管仲（？—公元前 645 年）在齐国开始实行“相地而衰征”的赋税政策。“相”是观察，“衰”是差等的意思。“相地衰征”，就是根据土地不同而分等征赋。西周的赋税是以井田为单位征收的。在井田制下，每户都是百亩，所以所出赋税和劳役都是一样的。管仲主张根据土地好坏而分等征税，这就改变了奴隶制的井税制度的征收标准和征收数量，质量好的土地要多纳税，废除以往的以“丁”为单位的劳役赋税制度，转变为以“地”——按实际丈量的土地面积来确定缴纳粮食的数量，同时将私人贵族领主私自开垦的土地计算在内，这从根本上确定了国家统治权力对于私有土地的保护。公元前 594 年，鲁宣公率先宣布实行“初税亩”，开始了不分公田、私田一律缴纳赋税的制度。此后，列国纷纷仿效鲁国实行“初税亩”。到了秦国商鞅变法时，正式承认通过买卖所获得的土地所有权。可以说，初税亩是中国古代赋税制度的第一次重大改革，它废除了按劳动力计征的力役地租制，确立了以田亩计征的实物地租制，其意义在于劳动者由依附于奴隶主提供劳役、力役、兵役等转变为参与土地产出的分配。这就在很大程度上提高了劳动者的生产积极性，也缓解了政府财政压力。

唐中后期农民受田严重不足，以劳役地租为主要种类的租庸调制的执行随着无土自耕农数量的增加而变得日益艰难。特别是安史之乱（755 年 12 月 16 日—763 年 2 月 17 日）之后，战争使得国家户籍在册信息大量失真，再难以根据户口征缴农业税，赋役制度开始逐渐脱离自商周时期就与土地制度互相依附的关系，走上了一条完全不同的演化之路。

公元 779 年，唐德宗李适采纳宰相崔佑甫的推荐，召回受元载一案牵连遭到贬谪的杨炎，并授予其门下侍郎一职，把千疮百孔的财税工作交给了他。杨炎上任伊始便开始大刀阔斧革除弊政，在全国范围内推行两税法这一新的财政制度。较前代相比，其特点有四：一是财政收支方式由量入为出转为量出为入，各地根据国家前一年财政支出的总额对今年应征纳税款进行比例配额；二是征收时间与农业生产相匹配，每年分为夏秋两季；三是征收对象从税丁变为税产，将土地和财产作为征税对象，按土地多寡和财产的等级征税；四是纳税群体的多样化，取消了官吏、僧道、浮寄课户和商贾等“不课户”的特殊地位。这场极具转折性的革命性变化将土地、社会身份与税制相分离，其实质是以对土地私有化的默认换取赋税征收总量的提升，在使赋税负担相对合理的前提下，一方面保证了国家正常的财政来源，降低了征税成本，当年财政收入即由 1 200 多万贯增加到 3 000 多万贯；另一方面也缓解了贫富不均的社会矛盾，对促进人口的社会流动、拓展社会发展空间有相当积极的影响，极大地适应了社会经济发展、农业生产和社会结构演变的时代要求。

明朝开国之初，接续前朝传统，依旧以两税作为主要的纳税原则，认为只要将土地和人丁的信息统计好，然后定期进行数据更新就可以作为一项相当不错的纳税依据，按丁征役，按亩征赋，因而自朱元璋起就着手开始对黄册和鱼鳞册的编制工作，但是这项工作在具体执行中却遇到了来自财产、劳动力认定和地方财政关系方面的阻力。到了 1425 年，全国的人口普查竟只有 990 万户，5 000 万人了。嘉靖年间（1522—1566 年），因为赋税缩减，开支增大，国库出现严重亏空，至万历年间（1573—1620 年）时，内阁首辅张居正将浙江巡按御史庞尚鹏提出的“一条鞭法”改革在全国范围内推广开来。“一条鞭法”的核心思想是对历代赋和役平行征收形式的调整，将原有的田赋、丁徭以及其他杂税化繁为简，全部统一成一项。这种做法完全打破了土地和税收对农民人身自由的捆绑，有田的农民能够利用更多的时间耕种土地，而无田的农民不必再承担劳役负担。马克思在《资本论》中论述了劳动力成为商品的两个条件：一是劳动力所有者作为“自由人”能够自主支配自己的劳动力；二是劳动者自身除劳动力之外一无所有，只能依靠出卖劳动力维持生活，而劳动力商品与资本相结合就形成了雇佣生产关系。因而“一条鞭法”的颁行客观上促进了城市手工业的劳动力来源的形成，直接刺激了农业生产、社会流动和市场经济的发展，也为资本主义萌芽提供了条件。

“一条鞭法”的另一项重要变革是将所有税款折算成白银进行货币化征缴。在此之前，实物地租充当着中国政府的主要税收形式，比如我这田里产水稻，那我就上交稻谷；我这山里出木头，那我就上交木材；我这河边养水产，那我就上交河鲜，税物运输的成本极高且不易保存。随着商品经济的发展，明代政府一方面面临着国内物质财富的不断增长，对国内货币流通量的巨大需求，另一方面则是白银这种非官方货币的大量涌入对原有货币体系职能的冲击。据欧洲学者统计，当时世界流通的白银总量中有三分之一流进中国。“一条鞭法”很好地将这两者进行了结合，将农业推向商品化的市场，农民需要将自己劳动产出的农作物拿到集市进行销售，换取白银以缴纳税款。日本学者黑田明伸认为，“白银流入对中国而言是增强了地域结算能力，使得市场保存了按地区和行业管理的通货结构，上下得以相通起来。来自民间的而非国家法令的自下而上的白银货币化，最终促进了明代社会向近代社会的转型”。在这场货币化改革从提出到全国推行经历的整整半个世纪时间内，不仅激发出交通运输、镖局、票号等新型行业和机构的萌生与发展，同时极大推进了中国城市化浪潮，为商品经济发展提供了巨大的活力，使得明朝一时呈现生机盎然的中兴气象。

第三节　完备的防灾救灾体系

20 世纪 20 年代初，西欧学者马洛里曾用“饥荒的国度”（The Land of Famine）概括他亲眼目睹的处于灾荒惨景中的中国。的确，中国一直是灾害频仍的国家。与世界其他国家相比，中国灾害之多、暴发之频繁，实属仅见。据统计，从公元前 206 年到 1936 年，中国暴发的灾害总数达 5 150 次，平均约每四个月便有一次。尤其是明清至民国时期，灾害活动频次和强度尤其突出。其中，明清两代死亡千人以上的灾害共 783 次，共死亡 57 626 049 人。明清至民国时期，全国共发生死亡万人以上的重大灾害 221 次，致死 42 737 008 人，其中水灾 65 次，飓风 53 次，疾疫 46 次，旱灾 22 次，地震 21 次。对于历史时期频发的灾害，邓拓先生曾悲哀地总结道：“从公元前 18 世纪，直到公元 20 世纪的今日，将近四千年间，几乎无年不灾，也几乎无年不荒。”如果说植根于先民智慧的农业体系承载着中国农业的辉煌的话，更值得一提的是中国古代建立了一套泽被后世的救灾体系，正是在这种体系的保证下，中国的农业虽然屡经灾害，但仍旧行稳致远。

一、赈救灾害，蠲免赋役

英国著名的科技史专家李约瑟曾经说过：“中国每六年有一次农业失收，每十二年有一次大饥荒。在过去的二千二百多年间，中国共计有一千六百多次大水灾，一千三百多次大旱灾，很多时候旱灾及水灾在不同地区同时出现。”因此，西欧学者甚至将中国称之为“饥荒的国度”。传统农业的发展变化，完全是在与自然灾害的不断抗争中进行的。南宋时期（1127—1279 年）的董煟（公元？—1217 年）在总结历朝救荒经验的基础上，撰写了影响深远的《救荒活民书》，书中将古代的救荒制度分为了三部分，分别是减灾备荒的先事之政、灾荒时期的临时之政、灾后的善后之政，对应到现在的救灾制度就是备灾、救灾和灾后重建。历史学家邓拓在他的名著《中国救荒史》中借鉴了《救荒活民书》中的观点，提出的赈灾、救灾、报灾等制度模式在当今社会仍旧发挥着重要的借鉴作用。

赈恤政策的目的是通过对受灾地区农民的赈济，从而促进农业生产迅速恢复。提出赈济的目的是要解决灾民的食粮问题。赈谷与赈银是赈济政策中的主要内容。它帮助受灾地区获得了重新生存下去的物质条件，为重新恢复生产打下基础，使受灾地区重新恢复生产成为可能。蠲免政策，即在某种情况下减免赋税的政策，它既是社会救济性政策，也是生产性政策。自汉代开始，屡有减免租税的规定。

赈救灾害与蠲免赋役政策是中国古代社会经济发展的一项重要措施。特别是对受灾地区来说，起着重要的保护作用。从中国历史上来看，受灾地区集中在山东、河南、江苏等地，这些地区历来是封建国家漕粮的主要贡奉地，如对其竭泽而渔，那必然会影响到国家的财政来源。而赈恤与蠲免政策就能使这些地区在灾后获得休养的时间，从而加速这些地区经济的恢复与发展。

二、守在仓廪，以足民食

“务在四时，守在仓廪”，是中国古代粮食安全思想的核心构成。为了保证基本的粮食安全，粮食的日常储备是非常必要的。古代中国建立了义仓、社仓、常平仓、惠民仓、广惠仓、和籴仓、预备仓等样式繁多的粮食储备体系，有官方建立的，也有民间建立的，在灾荒救济中发挥着重要的作用。

常平仓制度是中国古代粮食储备制度最大的创举。所谓“常平仓”制度，即政府在丰收之年购进粮食储存，以免粮价过低伤害农民利益，歉收之年卖出所储粮食，以平抑市场的粮价。这对于保护古代小农经济的脆弱性具有重要的作用。战国时李悝实行平粜法，以政府财力于丰年籴入粮食，歉年粜出，起到稳定粮价的作用，开常平法之始。汉宣帝五凤四年（公元前 54 年），耿寿昌于西北边郡正式立常平仓，每年春季发粜仓谷，秋季买谷归仓，以平抑市价。

中国古代的常平仓制度及其背后蕴含的思想，直至当代仍然熠熠生辉。这一制度在美国应对 20 世纪 30 年代的经济危机中发挥了重要的作用。20 世纪 30 年代美国经济危机中，当时的农业部长华莱士（Henry Agard Wallace）引进了北宋王安石变法中的青苗法，也即在青黄不接的时候把常平仓里的粮食以较低的利息贷给贫民，等到秋收的时候通过加税收回本息，用以解决农业领域出现的生产过剩问题。华莱士对青苗法的了解来源于当时在美国留学的一个叫陈焕章的翰林所写的《孔门理财学》。陈焕章从当时的西方经济学的角度出发，对孔子、荀子、管子等他认为的儒家系统的重要学者的经济观和经济措施进行了符合现代经济原理的分析，引起包括凯恩斯、熊彼特在内的美国学界的高度关注。在该书中，陈焕章介绍了“王安石变法”中所执行的一个新法——青苗法，他称这个为“System of the Green Sprout Money”（青苗钱体系）。“青苗法”不仅仅发挥了仓储对粮食价格的调整作用，还从国家的层面对整个农业生产进行了托底的规划，能在一定程度上防止市场波动对农民产生的过大的伤害。

华莱士意识到了这一原理也是符合当时美国的农业生产实际，具有现实意义，于是他逐渐吸收了“青苗法”的核心思想，并在自己所掌握的美国农业经济的现状上进行调研，最终形成了自己的农业思想。后来，华莱士说：“我任农业部长后，不久就请求国会在美立法中加入中国农政的古法，即‘常平仓’的办法。”它的代表性文件是1933年5月组织起草、1938年修订的《农业调整法》，它被称为“美国‘常平仓’制度”。这个法律的根本目标是恢复农业的购买力，消除过多的生产能力（削减种植面积）。其中，对生产过剩产品的一种处理方案是通过建立“常平仓”储备机制，设立联邦剩余商品救济公司、商品信贷公司等企业，由以上企业按照合理的价格来收购和储藏另一部分产品，主要包括五个大宗基本农产品（玉米、小麦、棉花、烟草、稻谷）。在丰收年，这些企业将以农场主的产量来计息贷款，保障生产，收购价格采用固定价格。在灾年，这些企业将抛售其储备的大宗农产品，来平抑市场价格，降低社会运行成本。这项措施加上其他举措使美国社会渡过了经济危机。

第五章 中国农耕文明的文化内核

农业是古代中华文明存在和发展的物质基础，上至官府，下至平民，都十分重视农业生产技术经验的总结和推广。正是在这样的政治、经济和文化背景下，中国古代形成了独特而悠久的农业文化，这种农业文化既包括实体的农业书籍，也包括由农耕而形成的生活习惯与民族精神。

第一节 农书：农业智慧的结晶

古代中国将农业视为国家的根本，形成了亲农爱农、知农重农的良好传统。在这种传统的影响下，中国古代先后出现了数量繁多和种类丰富的农业书籍，其出现之早、数量之多、种类之全、内容之丰富、影响范围之广皆在世界上首屈一指。

一、中国农书的概况和历史地位

生于斯，长于斯的中国先民们对生养自己的土地有着炽热的感情。中国农业的发展离不开他们的智慧，这些智慧的结晶多数体现在先民们给后人留下的卷册浩繁、内容丰富的各种农书中。农史专家、中国农业大学的王毓瑚教授编撰的《中国农学书录》中，收录了古代 542 种农书，而北京图书馆主编的《中国古农书联合目录》收录了 643 种，其中流传至今的有 300 余种，其内容涉及农耕、园艺、蚕桑、畜牧、兽医、林木、渔业以至农产品加工等众多门类。中国是世界上农业典籍最丰富的国家之一，在世界古代农书中占有重要地位。

中国农书肇始于春秋战国时期（公元前 770 年—前 221 年）。当时诸子百家中就有农家，《汉书·艺文志》中就列有农家著作。现存最早的农书，是成书于公元前 239 年的《吕氏春秋》中的《上农》《任地》《辩土》《审时》四篇，前一篇《上农》即"尚农"，主要阐述农业生产的重要性，以及鼓励农桑的政策和措施。后三篇内容涉及土地利用、农田布局、土壤耕作、中耕除草、农事管理等，是先秦时期农业生产经验的总结，是中国精耕细作农学传统理论的重要发端。其中《任地》是带有总论性质的论述，《辩土》《审时》是带有分论性质的论述。

秦汉至南北朝时期中国农业发展的重心在黄河流域，旱地精耕细作体系基本形成，反映到农书上就是以《氾胜之书》《四民月令》《齐民要术》为代表的一批传统农学经典大量涌现。此时期由于北方游牧民族大举入主中原，战争频发，军马成为紧俏的战略物资，于是出现了《治马经图》《相马经》《治马经目》《皆马方》等大量相马、医马等方面的农学著作。《氾胜之书》成于公元前 1 世纪，由西汉晚期的农学家氾胜之汇录，主要介绍了黄河中游地区的耕作原则、作物栽培技术和种子选育等农业知识。书中提出了“趣时、和土、务粪泽、早锄早获”这一旱地耕作的总原则，并记载了在小面积土地上深耕细管、集中施用水肥以求高产的“区种”法，还有田间穗选和粪汁、药物拌种的最早记载。《四民月令》是东汉末期崔寔（约103年—约170年）模仿古代月令形式编写而成，主要叙述东汉黄河流域地主田庄从正月初始直到十二月中农业生产经营的各项活动。书中对谷类、瓜菜、经济作物的种植时令，及与种植关系密切的农业活动都有详细的记载。另外，书中还记述了纺绩、织染和酿造、制药等手工业、副业生产，但其重点内容还是农业活动，《隋书·经籍志》也将该书纳入农书一类。《齐民要术》是现存最完整的农书，是中国古代四大农书之一。具体内容在下部分详细介绍。

隋唐宋元时期（581—1368年）中国的农业中心逐步转移到长江流域，南方水田精耕细作技术体系得到迅猛发展，并逐步趋于成熟，这是唐宋时期中国农学的一大显著特点。据相关数据统计，从战国至唐以前的近1 400年中的农书总计为30多种，近800年中的农书总计则有170多种，增加了四倍有余。这一时期重要的农书主要包括《四时纂要》《陈旉农书》《农桑辑要》《王祯农书》《耒耜经》《司牧安骥集》等。除综合性农书继续发展外，专业性农书大量涌现，其研究对象主要是以南方水田农业为主，出现了介绍江南主要农具的构造与功能的《耒耜经》，以《陈旉农书》为代表的以南方水田为主兼顾旱谷、桑蚕为主要内容的南方综合性农书。同时，为了满足商品经济的发展和城市经济的繁荣，以蚕桑、茶、花卉、果树等为主要研究内容的专业性农书明显增多，陆续出现了郑熊的《广中荔枝谱》、韩彦直的《橘录》、蔡襄的《荔枝谱》、秦观的《蚕书》和陈玉仁的《菌谱》等。宋代还出现了以精美绘图为主，配以农事诗歌的新型农书——《耕织图》。

《四时纂要》约成书于唐末五代，由韩鄂编著，是一部月令体裁的农家杂录。全书按春、夏、秋、冬 12 个月记述农事活动，记载有农、林、牧、副、渔各业的生产技术，还有农副产品加工制造、医药卫生、器物修造保管、商业经营、教育文化等内容，详细开列农村居民的农事与其他活动项目，是农村的日用百科全书，对后世农家历的编纂产生了深远影响。陈旉所著的《农书》成书于南宋绍兴年间（1131—1162 年），此前的农书多是黄河流域的农业经验总结，而该书则是反映南方水田种植的农书。全书分三卷，上卷论述农田经营管理和水稻栽培、中卷叙说养牛和牛医、下卷阐述栽桑和养蚕，其中上卷是全书论述的重心。《耒耜经》由唐朝陆龟蒙撰写，是一部专门记述农具的作品，全书除对农具略作了一些介绍外，十分详细地记载了唐代的重要“江东犁”。《司牧安骥集》是一部关于马医学的著作，由唐代的李石等人编著，包括有相马、饲养管理、生理、病理、诊断、治疗、针灸、方药等内容，还涉及天文、历法、中医药学、气象气候、地理、哲学、民俗等丰富的相关内容。全书贯穿了天人合一的整体观念，同时现代兴起的时间医学、预防医学在书中都有体现。元朝存在 97 年，时间虽不算很长，但却在中国农学史上留下了三部比较出色的农学著作。一是元朝建立初年司农司编写的《农桑辑要》，此后有《王祯农书》和《农桑衣食撮要》。三书中尤以《王祯农书》影响最大。

明清时期（1368—1912 年）的农学著作，在数量、种类或质量上都达到了前所未有的高度，大型综合性农书不论官撰或是私修，其研究范围囊括了北方旱地农业与南方水田农业，成为真正意义上的全国性农书，传世的农书中这一时期的就占到 200 多种。这一时期代表性的农书有《授时通考》《农政全书》等。《授时通考》为清朝官修的综合农书典籍，成书于乾隆七年（1742 年），由弘昼、鄂尔泰、张廷玉等纂修。全书共 78 卷，以大田生产为中心，兼及林牧副渔各业，分为：天时、土宜、谷种、功作、劝课、蓄聚、农馀、蚕桑，共 8 门。其内容主要采纳各朝经、史、子、集书籍中有关农事的文献记载，有 500 多种，选录资料 3 500 多条，配绘插图 500 余幅。这一时期的综合性农书还有明朝徐光启的《农政全书》，也是古代的四大农书之一。除综合性农书之外，这一时期地方性小农书也显著增多，较著名的有浙江的《沈氏农书》《补农书》、四川的《三农记》、山东的《农圃便览》《农蚕经》、陕西的《农言著实》、山西的《马首农言》等，有些是经营地主的实录性的经验总结，反映了各地区农业生产和农业技术的发展状况。总结单作物生产经验的专业性农书也大量出现，如《理生玉镜稻品》《江南催耕课稻编》分别记载水稻品种和双季稻推广；《湖蚕述》《豳风广义》记载桑蚕养殖；《元亨疗马集》记载畜牧兽医。还有《烟草谱》《金薯传习录》《木棉谱》等其他单作物著作。园艺、花卉、种茶、养鱼等方面的农书也有出现，养蜂、种菌、治蝗、放养柞蚕等也都有专书。还有一些着重阐述农业生产技术的原理，如明代朱元璋第五子朱橚《救荒本草》是最早救荒植物专著，明代马一龙的《农说》，清代杨屾的《知本提纲》《捕蝗考》《治蝗全书》等治蝗专书，在当时也有着重要的实用价值。

从人类发展历程来看，农业生产是人类获得物质生活条件的基本保障，社会若想正常延续，必须有稳定的农业生产。从世界文明来看，任何一个国家或民族，其农业生产中断了，文化和传统也一定中断，文明古国巴比伦、古埃及、古罗马的衰亡，均与此有直接的关系。相比之下中华文明之所以能够延续离不开传统农业长期、稳步、持续的发展，而这主要得益于在农业生产上有一个先进、丰富、完备的技术知识体系，而这个体系的载体就是中国农书。农书为官府提供了农政管理参考，为百姓提供了生产技术参照，对中国传统农业起到了指航引路和加快发展的作用。中国古代农业技术之所以闻名世界，与农书的形成和发展息息相关。数千年来，农书直接指导各地农业生产，为中国传统农业作出了突出而重大的贡献。

二、中国古代的四大农书

从先秦到明清，中国古代先民积累了数千年的耕作经验，留下了丰富的农学著作。其种类各异涵盖面也广，且各有所长，本书选择中国古代的四大农书作详细介绍。

一是现存历史上最早的农学专著。西汉晚期的《氾胜之书》是中国现存最早的一部农书，书中记载了黄河中游地区耕作原则、作物栽培技术和种子选育等农业生产知识，反映了当时劳动人民的伟大创造，对促进中国农业生产的发展，产生了深远影响。从现存有关《氾胜之书》的资料看，氾胜之的重农思想尤为突出。他把粮食布帛看作国计民生的命脉所系，是当时一些进步思想家的共识。氾胜之的特点是把推广先进的农业科学技术作为发展农业生产的重要途径。

二是现存最早最完整的农书。北魏（386—534 年）贾思勰的《齐民要术》成书的时间为公元 6 世纪，全书共 10 卷，92 篇，还有自序和杂说各一篇，11 万至 12 万字。北魏之前，中国北方处于一种长期的分裂割据局面，一百多年以后，鲜卑族的拓跋氏建立了北魏政权并逐步统一了北方地区，社会秩序由此逐渐稳定，社会经济也随之从屡遭破坏的萧条中逐渐恢复过来，得到发展。北魏孝文帝在社会经济方面实施的一系列改革，更是刺激了农业生产的发展。贾思勰在总结前人经验的基础上，系统地总结了黄河流域农业生产的经验，请教当地的一些老农，并亲身实践，最终才整理概括成书。《齐民要术》是中国现存最早最完整的综合性农书，收录当时中国农艺、园艺、造林、蚕桑、畜牧、畜禽、水产、兽医、配种、酿造、烹饪、储备、药材的种植，以及治荒等方面内容，把农副产品的加工（如酿造）以及食品加工、文具和日用品生产等形形色色的内容都囊括在内。还列举了很多的“非中国物”，也就是当时中国北方不出产的蔬菜和瓜果。它系统地总结了黄河流域农业生产的经验，对北方旱地精耕细作技术体系作了精辟的理论概括。

三是图文并茂的农业科技著作。元代王祯（1271—1368年）所著的《农书》是一部从全国范围内对整个农业进行系统研究的巨著。全书不仅包括有关农、林、副、渔、畜牧业等各方面的知识，还重点介绍了生产工具方面的改革。所述内容包括北方旱地和南方水田的生产技术，并作比较分析。全书包括三部分，第一部分总论中国农业发展史，介绍了耕垦、播种、锄治、施肥、灌溉、收获及种植、畜牧、栽桑、养蚕等具体操作方法；第二部分则分论各种作物的栽培，对谷物、蔬菜、瓜果、竹木、麻、棉、茶等作物的起源、特性和栽培方式作了说明；第三部分详细介绍了农业生产和手工业生产的工具，图文并茂，扼要说明。王祯认为农业种植要因时而制，因地而宜，还根据各地的风土人情绘制了"全国农业情况图"，指出要根据本地的气候、土壤来种植作物。全书中"农器图谱"占全书篇幅的4/5，书中记载的冶金"水排"、水转大纺车、木活字和"转轮排字盘"等发明产生了深远的影响。

四是吸收西方农业科技的农书。明朝徐光启（1562—1633年）的《农政全书》是一部集古代农业之大成并吸收了西方科技知识的农学专著。该书刊刻于崇祯十二年，全书70多万字，包括农本、田制、农事（以屯垦为中心）、水利、农器、树艺（谷物、园艺）、蚕桑、蚕桑广类（木棉、苎麻）、种植（经济作物）、牧养、制造、荒政等12目，广泛吸收了历代的农事成就，总结了宋元（960—1368年）以来的棉花，及明代后期甘薯等的栽培经验，并提出治蝗的设想。书中着重叙述了屯垦、水利和荒政三方面问题，增补了前代农书的薄弱环节。徐光启主张发展北方水利，改变南粮北调局面。书中还收录了反映欧洲科学技术成就的《泰西水法》。《农政全书》基本上囊括了明代农业生产和人民生活的各个方面，而其中贯穿着一个基本思想，即作者的治国治民的“农政”思想。此书与后魏贾思勰的《齐民要术》一起并称为中国古代农学著述两大高峰；与李时珍的《本草纲目》、李应星的《天工开物》和徐霞客的《徐霞客游记》并称为明代四大科学巨著。该书不但在中国家喻户晓，而且很早就通过译介传播到了日本、朝鲜、法国、英国、俄国、德国等地。

第二节　二十四节气：象天法地的生活节律

二十四节气是中国人通过观察太阳周年运动，认知一年中时令、气候、物候等方面变化规律所形成的知识体系和社会实践，将一年分四季，每季度又分为六个节气，共二十四个节气。二十四节气是中国农耕文明的产物，是古代先民通过观察天体运行，认知一年中时令、气候、物候等变化规律所形成的时间知识体系。节气农谚则是人们对不同时令农耕活动经验的精准总结，寥寥几字，高度概括，又反过来指导农业生产，并在农业生产中发挥了重要的作用，形成中国独特的节气文化。二十四节气不仅是中国宝贵的农业文化遗产，也为人类的发展作出了巨大的贡献。

一、二十四节气及其产生

春天花开、夏天荫浓、秋天叶落、冬天雪飘，大自然伴随着漫漫岁月的流逝循环往复、生生不息。科技不昌明的古代社会，人们对自然万物的神秘变化充满敬畏，他们在不断地进行着探索，以期发现其中的规律，根据大自然的物候变化来推测时间、季节，安排生产和生活，掌握农时。于是一种被称为物候历的历法形式出现了。

中国是世界上编制和应用物候历最早的国家，从原始社会晚期就已经开始萌芽，黄帝时“迎日推测”，尧帝时“数法日月星辰，敬授民时”是最原始的物候历。成书于 3 000 年前的《夏小正》，是中国现存最早的一部记录传统农事的历书。战国时期（公元前 476—前 221 年）发展为“七十二候”，成为比较系统的物候历。之后又出现了冬九九歌、夏九九歌、二十四番花信风等多种形式的物候历。当然，我们最熟悉的就是《二十四节气歌》。二十四节气是传统文化的瑰宝，表明了气候变化和农事季节的 24 个阶段。实际上，早在《礼记·月令》和《吕氏春秋·十二纪》中就已有了星象、物候和农事安排的详细记载，它们为二十四节气的形成奠定了基础。“二十四节气”与天干地支以及八卦等联系在一起，有着久远的历史源头。目前，能够见到最早系统记载二十四节气名称的是公元前 2 世纪成书的《逸周书·时则训》。该书系统地记载二十四节气名称、对应月份、相关物候，物候历也由此形成。西汉汉武帝时期将“二十四节气”吸收入《太初历》作为指导农事的历法补充，采用土圭测影在黄河流域测定日影最长、白昼最短（日短至）这天作为冬至日，以冬至日为“二十四节气”的起点，将冬至与下一个冬至之间均分24等份，每“节气”之间的时间相等，每个节气间隔时间15天。

二十四节气是干支历中表示自然节律变化以及确立“十二月建”的特定节令，它最初是依据斗转星移制定，北斗七星循环旋转，斗柄绕东、南、西、北旋转一圈，为一周期，谓之一“岁”（摄提），每一旋转周期，始于立春，终于大寒。现行的“二十四节气”来自三百多年前订立的“黄经度数法”（1645年起沿用至今）。现行的“二十四节气”是依据太阳在回归黄道上的位置制定，即把太阳周年运动轨迹划分为24等份，每15°为1等份，每1等份为一个节气。二十四节气，每个节气都表示着气候、物候、时候这“三候”的不同变化。在历史发展中二十四节气被列入农历，成为农历的一个重要部分。

二、二十四节气的作用和历史积淀

二十四节气是上古农耕文明的产物，它在中国传统农耕文化中占有极其重要的位置，其背后蕴含了中华民族悠久的文化内涵和历史积淀。二十四节气既是历代官府颁布的时间准绳，也是指导农业生产的指南针，日常生活中人们预知冷暖雪雨的指南针。二十四节气从古至今对人们的生活、文化有着实用价值。二十四节气是对时间的具体切分，其更替和周期性复现，其中标志节气变化的节气日则是时间推迁和流转的标志性时间，是重要的阴阳转化节点。二十四节气与十二月建是干支历的基本内容。干支历以北斗星的斗柄所指为“建”，以“斗柄指寅”为春正（正月），其以春季第一个月为正月的历法制度对后世历法“建正”影响深远。二十四节气准确反映了季节的变化并用于指导农事活动，影响着千家万户的衣食住行。作为农事活动的基本时间指针，二十四节气由此成为民众年度时间生活的重要节点与时间坐标，在一定程度上成为民众日常社会生活的时间指针。

在早期观象授时的时代，农事周期就是庆典周期，有些节气也就是节日。虽然此后由于在历史发展中阴阳合历历法的推广，节气与节日发生了分离，但许多节气仍旧被作为节日保留了下来。几乎每个节气也都有自己丰富多彩的节气习俗活动。这些活动可大体归纳为如下几个方面：奉祀神灵，以应天时；崇宗敬祖，维护亲情；除凶祛恶，以求平安；休闲娱乐，放松心情。此外，几乎每个节气也都有自己特殊的饮食习俗。遵循传统“天人合一，顺应四时”的理念，以二十四节气为中心，还形成了丰富的养生习俗，如立春补肝、立夏补水、立秋滋阴、立冬补阴等。与此同时，围绕二十四节气，亦产生了数量众多的故事传说以及诗词歌赋等，集中表达了人们的思想情感与精神寄托。总之，围绕着二十四节气，形成了众多的信仰、禁忌、仪式、礼仪、娱乐、饮食、养生、传说、故事等习俗活动。因此，对人们来说，二十四节气不仅是一种时间体系，更是一套具有丰富内涵的生活与民俗系统。二十四节气之所以能在民众日常社会生活中日益流行与普及开来，与此有直接关系。

二十四节气科学地揭示了天文气象变化的规律，它将天文、农事、物候和民俗实现了巧妙的结合，衍生了大量与之相关的岁时节令文化，成为中华民族传统文化的重要组成部分。为了更准确地表述时序特点，古人将节气分为“分”“至”“启”“闭”四组。“分”即春分和秋分；“至”即夏至和冬至；“启”是立春和立夏，“闭”则是立秋和立冬。立春、立夏、立秋、立冬，合称“四立”。“四立”与“二分二至”加起来共为“八节”，民间称为“四时八节”。作为传统的农业社会，古人相当重视立春岁首，这期间会举行多种民俗活动。上古时代，礼俗所重的不是阴历正月塑，而是立春日；重大的拜神祭祖、驱邪消灾、祈年纳福、迎新春等均安排在立春日及其前后几天举行；这一系列的节庆活动不仅构成了后世岁首节庆的框架，而且它的民俗功能也一直遗存至今。从节气规律来说，立春是“阴阳”之气中阳气升发的起始，自立春起阴阳转化，阳气上升，立春标示着万物更生、新轮回开启；而冬至则是太阳回返的始点，自冬至起太阳高度回升、白昼逐日增长，冬至标示着太阳新生、太阳往返运动进入新的循环。在“四时八节”当中，冬至的重要程度不亚于立春岁节。在漫长的农耕社会中，二十四节气发挥着重要作用，拥有丰富的文化内涵。诸如立春、冬至、清明等一些节气既是自然节气也是民间重要节日。其他节气也衍生出大量与之相关的民俗文化。

三、二十四节气的国际影响

除对中国有影响外，二十四节气早就跨出国门，走向了世界，影响到朝鲜半岛、日本、东南亚。有的地方虽然季节变换不明显，但那里的人民依然在传承、弘扬着二十四节气及其附着的文化，充分表明了它的文化价值。早在古代二十四节气就已经被朝鲜、日本等其他国家接受，结合其国家实际情况与民族文化后沿用到现代。在越南传统历法中，保留了大部分“二十四节气”，同时变更了某些节气的时间，更加适用于越南的实际情况。越南虽然官方使用阳历，但是在民间还是有部分人使用传统阴阳历，特别是农民，仍然遵循着节气来安排农耕生产。

在历史发展中进行文化交流传播，二十四节气中反映太阳直射点回归运动的“二分二至”四个节气（春分、秋分、夏至、冬至）在先秦时期便在各地流传。西方四季划分是以“二分二至”作为四季的起始，如春季以春分为起始、夏季以夏至为起始、秋季以秋分为起始、冬季以冬至为起始。“二分二至”中的春分更成了乌兹别克斯坦、土耳其、阿富汗、伊朗等国的新年，已有 3 000 多年的历史了。二十四节气传入日本已有 1 000 多年，有的节气被列入日本的法定祝日（节日）。古代日本一直使用中国农历，遵循“二十四节气”作息。

在当代社会，随着科技进步，人类实现了对天气和气候的中长期预报，二十四节气的作用逐渐淡化，但二十四节气的传统知识、文化价值以及与此相关的民俗活动，仍在民间有着很深的影响力，仍在中华民族的群体记忆中占据着重要的位置。2016 年 11 月 30 日，二十四节气被正式列入联合国教科文组织人类非物质文化遗产代表作名录。这是国际社会对中华祖先成就的高度认可。

第三节　农耕精神：生生不息的中华传统

农耕文明是中华民族生产生活的实践总结，是中华民族五千多年优秀传统文化的集中体现。揆诸历史，我们会看到源于农耕文明的诸多文化精神，包括和谐统一的自然观、安土重迁的族群观、自强不息的发展观、耕读传家的价值观、崇尚节俭的生活观等核心价值理念，无一不是来自农耕文明的洗礼与打磨。

一、和谐统一的自然观

中华先民在漫长的农耕生产中总结出自然对于农业生产的重要性，也将人的存在与生存归结为自然的一部分，追求人与自然的和谐统一，强调人与自然的和谐相处，主张因时制宜、因地制宜和因物制宜，按自然规律开展各种农事活动。追求“天人合一”是中华民族的基本精神，中国的“天”是指自然和自然界的客观规律，因人成事，因地制宜，因势利导，顺应自然，师法自然，取乎自然，与自然相通相依，协调一致，和谐共处，包含了人与自然和谐相处、生态平衡、环境保护与适度发展的有机结合，构成了当今社会可持续发展的核心思想。近些年来世界上气候异常、各种自然灾害频发，人类的生存环境面临巨大的挑战，而这与人类对自然过度的开采不无关系，要实现人类社会的可持续发展，必须回归中国传统的自然观，实现人与自然的和谐相处。浩瀚宇宙中蓝色的地球是得天独厚的生命摇篮，更是人类赖以生存的唯一家园，我们应该热爱自然、尊重自然、善待自然，合理利用自然资源，建设生态文明型社会，实现现代社会的“天人合一”。

二、安土重迁的族群观

土地是传统农业最基本的生产资料，在中国传统文化里有着相当重要的地位，晚清思想家曾廉十分形象地说：“天下犹一身也，土地犹骨肉也，货财犹精血也。”对个人来讲，只要有了土地就有了衣食之靠，就可以安居乐业。在传统农业的生产方式下，人民对于土地形成了深深的依赖，加上传统农业的地方性和经验性特征，农民在对一个地方的农业生产熟悉之后，若贸然搬迁到另外一个地方则要付出巨大的成本，故自古中国先民便形成了安土重迁的观念。同时，在中国传统社会由于技术能力有限，人类应对各种自然危机的能力不是很强，这就需要团结起来，形成团体来共同应对自然的各种危机，还有农业生产的经验技术也需要以群体的形势来传播，此种情况下以血缘关系为纽带而形成的族群就成了最优的选择，中国也就形成了安土重迁的族群观念。在安土重迁观念的影响下，中国人逐渐形成了固本守己、友善、勤劳、内向、含蓄的精神特质，这保证了中国社会的稳定，促进了农业经济的发展，使中国传统的农耕文明独树一帜，领先世界数千年，为中国今天社会的发展留下了宝贵的财富。

三、自强不息的发展观

中国历史上灾荒频仍，邓拓在《中国救荒史》中称："我国灾荒之多，世界罕有，就文献可考的记载来看，从公元前十八世纪，直到公元二十世纪的今日，将近四千年间，几于无年无灾，也几乎无年不荒"，西方的学者甚至称中国为"灾荒的国度"，可以说传统农业的发展变化，完全是在与自然灾害的不断抗争中进行的。"十年九荒"频繁的灾害给农业生产带来巨大的威胁，严重打击了人们的生产与生活，但中华先民往往能在废墟和狼藉中迅速恢复，在灾难中继续前进发展，创造出灿烂的农耕文明，这造就了中华民族自强不息的民族性格，它推动了中华民族前进的步伐，让后人在一次次的磨难中感受着"艰难困苦，玉如汝成"的精神。数千年来，中华民族革故鼎新、自强不息，建大好河山，垦广袤良田，治大江大河，形成多姿多彩的生活，推动中华文明绵延而旺盛。

四、耕读传家的价值观

家庭是传统社会生产经营活动和价值文化传承的基本单位，特别是基于大量实践经验积累和提炼的传统农业知识与技术、基于家庭伦理价值提炼和升华的传统社会文化知识，更需要家庭来传承，耕读传家便是中国数千年家训文化传承的内核。《颜氏家训》是中国南北朝时北齐文学家颜之推的传世代表作。他结合自己的人生经历、处世哲学，写成《颜氏家训》一书告诫子孙。这是中国历史上第一部内容丰富、体系宏大的家训，也是一部学术著作。《颜氏家训》的内容涉及诸多领域，强调教育体系应以儒学为核心，阐述立身治家的方法，注重对孩子的早期教育，并对儒学、文学、佛学、历史、文字、民俗、社会、伦理等方面提出了自己独到的见解。文章内容平实、语言流畅，具有一种独特的朴实风格，对后世的影响颇为深远。可以这样说，古今家训，以此为祖。

“耕读传家”是中国传统社会中小康农家所努力追求的一种理想生活图景，也是乡村树立伦理规范并建立和谐社会的重要动力。如今，“耕”和“读”的内涵也越来越丰富。“耕”不仅是一种生产生活方式，“读”也不只是为了读书应举，它追求的是一种勤劳务实、吃苦耐劳、脚踏实地的品质，追求的是一种“以天下为己任”的责任感和担当意识，最终实现的是家庭和睦、社会和谐。或许这才是当今社会耕读传家的现实意义所在。

五、崇尚节俭的生活观

节俭是中华民族的传统美德，在以农业为主的传统社会，农业是人们最主要的经济收入来源，农业生产又十分艰辛。同时人们还面临着自然灾害、疫病、战争等多方面的不确定因素，在此情况下积贮也就显得尤为重要，在产量有限的情况下，节俭只能是积贮的唯一来源。早在汉代贾谊提出了“御欲尚俭”的节用观念，他在《论积贮疏》中说物力、财力没限制地滥用，那么物力、财力必然会短缺。即使现在，中国虽然地大物博，但也面临着人口众多的巨大压力，人均占有量低是制约中国经济发展的重大挑战之一。在古人眼中，节约既是修身养性所必需，同时也与国家、民族的命运紧密相连，这是自古而今必须遵循的基本道德规范。

结　语

在人类文明的演进史上，原始农业和原始畜牧业的出现，使人类第一次将自身的生存建立在自己的智慧和力量之上，改变了完全依赖自然的状况，摆脱了由于自然灾害使自身生命所遭遇的威胁，开始拥有了较为稳定的食物来源，人类由此进入了农耕文明，开启了人类自己的文明史。在绵延上万年的农业发展历史长河中，中华民族种五谷、养六畜，农桑并举，耕织结合，创造出了独具中国特色的东方农耕文明，为中华民族繁衍生息、发展壮大植入了根深蒂固的农耕基因，在世界文明的版图上独立成章，延绵不绝。

在中国农业漫长的发展历程中，至今已发现了成千上万处新石器时代原始农业的遗址。从新石器时代开始，中国传统农业充分吸收、借鉴了世界其他地区的农业优秀成果，在多元文化的相互影响融合下逐渐走向成熟，祖先们用他们的勤劳和智慧，创造了灿烂的农耕文化；在中国农业漫长的发展历程中，精耕细作成为农耕文明的基本特点。人们通过施加肥料来保持土壤肥力，注重绿肥栽培与使用，通过培育新品种、优良个体再繁殖等方式保证农作物产量。人们通过农业实践，培育或引进了丰富的农作物品种，从而保证了传统农业的可持续发展；在中国农业漫长的发展历程中，古人通过辛勤的劳作和实践经验的积累，创造了大量领先于世界的农业生产技术，这些技术都是中华农耕文明的“活化石”，大大提高土地利用率和土地生产率，使农业收成不再完全取决于天气的好坏；在中国农业漫长的发展历程中，既记载了古人同大自然作斗争的艰辛和智慧，也包含了历代统治者所实行的农业政策。安民、惠民、利民，轻徭薄赋、劝课农桑、兴修水利，不断完善的农业制度是中华农耕文明的最好写照；在中国农业漫长的发展历程中，所形成的道法自然、自强不息、团结协作、精耕细作、敬天重农等理念特征，不仅是中国传统文化的重要构成，也是中华文化长盛不衰的重要原因。随着农耕文明的规模扩大，在协调各族群关系和事务的过程中，铸就了中华民族多元一体的家国情怀。这些宝贵财富，是中华民族世代相传、绵延不绝的深厚滋养和强大根基。

从农耕神话到农具的发明，从农业种植技术到农业制度的变迁，从农学著作到农业历法的制定……在几千年的农业可持续发展过程中，中华民族创造出了灿烂辉煌的农耕文明，取得了极其丰硕的农耕成果，这是华夏文明的精神标识，是中华民族生生不息的基因密码，是中华文化的思想智慧和价值标识，是中华民族繁衍生息的坚实基础。